Khaled Lotfy

Tratamento do cancro da próstata, abordagem Insilico

Khaled Lotfy

Tratamento do cancro da próstata, abordagem Insilico

ScienciaScripts

Imprint
Any brand names and product names mentioned in this book are subject to trademark, brand or patent protection and are trademarks or registered trademarks of their respective holders. The use of brand names, product names, common names, trade names, product descriptions etc. even without a particular marking in this work is in no way to be construed to mean that such names may be regarded as unrestricted in respect of trademark and brand protection legislation and could thus be used by anyone.

Cover image: www.ingimage.com

This book is a translation from the original published under ISBN 978-3-659-82344-2.

Publisher:
Sciencia Scripts
is a trademark of
Dodo Books Indian Ocean Ltd. and OmniScriptum S.R.L publishing group

120 High Road, East Finchley, London, N2 9ED, United Kingdom
Str. Armeneasca 28/1, office 1, Chisinau MD-2012, Republic of Moldova, Europe
Managing Directors: Ieva Konstantinova, Victoria Ursu
info@omniscriptum.com

Printed at: see last page
ISBN: 978-620-8-38007-6

Índice de conteúdo

Dedicação

Antes de mais, dedico o meu trabalho aos meus pais, pelo seu amor e apoio infinitos ao longo da minha carreira de estudante. Para Huda Mustafa, obrigado por seres a melhor esposa. Aos meus filhos Yossef, Mohanned e Mream. Aos meus irmãos e irmãs. Aos outros familiares e amigos, adoro-vos a todos. Amanhã será o novo começo da minha vida e está na altura de cuidar de vós.

Khaled Lotfy

Resumo

A técnica Insilico foi aplicada para analisar o potencial de 16 compostos de derivados de 5,5-dimetiltiohidantoína como antagonista de androgénios. A estrutura 3D da proteína foi obtida a partir da base de dados PDB. A análise de docking dos compostos foi efectuada utilizando o hex docking. A análise de modelação molecular mostra que o intervalo de energia LUMO-HOMO relativamente baixo das moléculas estudadas indica que estas seriam cineticamente estáveis. Nenhum dos compostos violou os parâmetros de Lipinski, tornando-os agentes potencialmente promissores para actividades biológicas. Os compostos do título apresentaram a energia de acoplamento mais baixa do complexo proteína-ligando. Por fim, os resultados indicam que estes compostos são potencialmente antagonistas dos androgénios, esperando-se que sejam eficazes no tratamento do cancro da próstata.

Palavras-chave

Recetor de androgénio, Cancro da próstata, Modelação molecular, Docagem molecular, ADMET.

1. Introdução

O cancro pode ser caracterizado pela paragem da diferenciação celular, a inibição da apoptose e a proliferação acelerada de células clonadas. A compreensão dos mecanismos de execução da morte celular e o papel que desempenham em diferentes doenças abre novas estratégias terapêuticas [1-4]. O cancro da próstata é a doença maligna mais frequentemente diagnosticada nos homens nos países ocidentais [5]. A próstata é um órgão dependente de androgénios; as hormonas androgénicas e o seu executor, o recetor de androgénios (AR), são os principais factores de desenvolvimento e progressão do cancro da próstata [6-11]. O recetor de androgénios (RA), localizado em Xq11-12, é um recetor nuclear de 110 kDa que, após ativação por androgénios, medeia a transcrição de genes-alvo que modulam o crescimento e a diferenciação das células epiteliais da próstata A sinalização do RA é crucial para o desenvolvimento e a manutenção dos órgãos reprodutores masculinos, incluindo a próstata, uma vez que os machos genéticos que apresentam mutações de perda de função do RA e os ratinhos concebidos com defeitos do RA não desenvolvem próstatas nem cancro da próstata [12, 13]. O RA desempenha um papel importante no desenvolvimento e manutenção das caraterísticas sexuais masculinas, executando as funções biológicas dos androgénios. O RA tem também um papel importante na proliferação e diferenciação das células da próstata e no cancro da próstata responsivo aos androgénios [14-16].

No entanto, o AR é uma proteína citoplasmática e é um membro da superfamília de receptores de hormonas esteróides/tiroides [17, 18]. Após a ligação dos androgénios ao seu recetor, o AR migra para o núcleo, liga-se a sequências de ADN específicas denominadas elementos de resposta aos androgénios e modula a transcrição dos genes alvo [17]. Por esta razão, o recetor de androgénio é um alvo molecular chave na etiologia e progressão do cancro da próstata [1923]. Assim, as manipulações da função do RA com fármacos antiandrogénicos constituem o principal modo de tratamento do cancro [14, 15].

Os antagonistas da AR são utilizados como agente único (monoterapia) ou em combinação com a castração. Esta última utilização, designada por "terapia combinada de bloqueio de androgénios", apresenta efeitos significativos ao bloquear os sinais androgénicos supra-renais, bem como ao suprimir o aumento transitório da testosterona induzido pelos análogos da GnRH [24-29]. Os antagonistas do RA utilizados clinicamente no tratamento do cancro da próstata incluem antagonistas esteróides (acetato de ciproterona) e não esteróides (flutamida, nilutamida e bicalutamida), que funcionam como inibidores competitivos da ligação do RA aos androgénios endógenos (testosterona e diidrotestosterona [30].

Embora os antiandrogénios apresentem uma boa eficácia em muitos casos e constituam uma parte importante da terapêutica eficaz [31-34]. Mas um problema considerável com estes antiandrogénios é que a recorrência ocorre após um curto período de resposta [35]. A hidroxiflutamida e a bicalutamida têm actividades agonistas parciais em concentrações elevadas in vitro [36], o que pode contribuir para a recorrência.

O derivado de tiohidantoína com uma cadeia lateral terminal de carboxilo mostrou actividades antagonistas puras in vitro e atividade antagonista AR oral in vivo [37]. Neste trabalho, a modelação molecular, a docagem molecular e o ADMET de 16 compostos de derivados de 5,5-dimetiltiohidantoína, sintetizados por [38], foram realizados para o tratamento do cancro da próstata.

2. Enquadramento teórico

2.1. Modelação molecular

Dois factores bem conhecidos de todas as indústrias, grandes e pequenas, são o tempo e o dinheiro. "Tempo é dinheiro" e "dinheiro não compra tempo". Para todas as expectativas e propósitos, a descoberta de medicamentos é uma tentativa científica excecionalmente complicada e difícil, que frequentemente resulta num fiasco excessivamente caro. Muitos medicamentos não chegam a entrar no mercado devido a perfis farmacocinéticos deficientes [39]. Por conseguinte, tornou-se imperativo, hoje em dia, conceber compostos principais que possam ser facilmente absorvidos por via oral, facilmente transportados para o local de ação desejado, não sejam facilmente metabolizados em produtos metabólicos tóxicos antes de atingirem o local de ação visado e sejam facilmente eliminados do corpo antes de se acumularem em quantidades suficientes que possam produzir efeitos secundários adversos. A soma das propriedades acima referidas é frequentemente designada por propriedades ADME (absorção, distribuição, metabolismo e eliminação) ou, melhor ainda, ADMET, ADME/T ou ADMETox (quando são tidas em conta questões de toxicidade). A inclusão de considerações farmacocinéticas em fases anteriores dos programas de descoberta de medicamentos [40, 41] utilizando métodos baseados em computador está a tornar-se cada vez mais popular [42-44]. A lógica subjacente às abordagens in silico é o custo relativamente mais baixo e o fator tempo envolvido, quando comparados com as abordagens experimentais normais para a definição de perfis ADMET [45, 39]. Por exemplo, num modelo in silico, basta um minuto para analisar 20 000 moléculas, mas são necessárias 20 semanas no laboratório "húmido" para realizar o mesmo exercício [40]. Por conseguinte, é essencial explorar todos os meios possíveis para reduzir as perdas e acelerar o processo de desenvolvimento de medicamentos. As fases mais rápidas e substancialmente menos dispendiosas do desenvolvimento de medicamentos baseiam-se na investigação computacional. Uma vez configurados, o rastreio in silico, a acoplagem e a previsão de propriedades, estes processos requerem uma monitorização mínima ou nula e funcionam 24 horas por dia, 7 dias por semana.

Por outro lado, a maioria dos fármacos utilizados atualmente na terapêutica humana interage com determinados alvos biológicos macromoleculares, ou seja, com enzimas, receptores, canais iónicos e transportadores. Os fármacos desenvolvem a sua atividade através da ligação específica a um recetor macromolecular. Um dos principais objectivos da exploração de fármacos é encontrar ligandos que se preveja que interajam favoravelmente e se liguem fortemente ao local ativo do seu recetor, sem interferir com o funcionamento de outras biomacromoléculas no organismo vivo. Por outro lado, este método pode ser invertido para procurar hospedeiros que interajam fortemente com um determinado ligando. Embora a maioria dos fármacos sejam ligandos, apenas alguns ligandos são fármacos, porque mesmo pequenas variações na estrutura química podem ter impacto no facto de o composto ser terapêutico, fisiologicamente inerte ou perigoso. Muitos agentes terapêuticos actuam ligando-se específica e firmemente a um alvo macromolecular específico, por exemplo, uma proteína recetora ou um ácido nucleico. Hoje em dia, a previsão assistida por computador e a conceção molecular astuta contribuem em grande medida para a procura constante de inibidores ou activadores de proteínas. A modelação molecular é uma das principais técnicas utilizadas durante o processo de descoberta de medicamentos. Na modelação molecular, uma molécula é representada por um conjunto de átomos e respectivas coordenadas. Este modelo é a fase inicial para simulações moleculares em diversas condições e para a computação das propriedades moleculares utilizando a mecânica molecular. Atualmente, existem numerosos métodos de química computacional que podem ser aplicados a sistemas moleculares com escalas de tempo e de comprimento variáveis.

2.1.1. Métodos ab initio

Este tipo de métodos depende da teoria de Hartree-Fock, utilizando o procedimento de campo auto-consistente (SCF), que é o tipo de cálculo de mecânica quântica mais amplamente utilizado. A sua escala é de cerca de N^4 , o que implica que, ao multiplicar o número de electrões num cálculo, este demorará 16 vezes mais tempo. Isto estabelece rapidamente um limite para o campo deste tipo de método em termos do tamanho da molécula que pode ser calculada numa escala de tempo moderada em termos de química medicinal e conceção de medicamentos. Nos últimos 15 anos, este limite de dimensão das moléculas que podem ser calculadas por ab initio aumentou de cerca de 10-15 átomos pesados com um conjunto de bases moderado (3-21G) para cerca de 40-50 átomos pesados, mesmo num computador de secretária topo de gama. Por outro lado, se forem investidas escalas de tempo maiores e mais potência de computação, podem ser obtidos resultados extremamente notáveis. Recentemente, foi conseguido um avanço geométrico completo numa cadeia de 126 átomos de 12 alaninas ao nível HF 3-21G [46]. Apesar de não ser claro se este nível de teoria fornece uma descrição suficientemente precisa da estrutura em termos de, por exemplo, geometrias de ligação de hidrogénio, é inquestionavelmente um reconhecimento vital de que cálculos desta dimensão são não só possíveis mas também práticos para abordar problemas de química medicinal. Além disso, é evidente que, por exemplo, o tratamento da correlação eletrónica, que seria dado por métodos como os métodos de perturbação como o MP2 (MOller-Plesset nível 2), é bastante menos prático, uma vez que estes escalam com N^5 , o que é também o caso dos métodos de correlação de nível mais elevado, como os métodos de agregados acoplados, que escalam com N^7 [47].

2.1.2. Métodos da teoria do funcional da densidade

O tratamento da correlação eletrónica, mantendo-se suficientemente rápido para ser utilizado em sistemas maiores, pode ser conseguido através de métodos da Teoria do Funcional da Densidade. A DFT é a mais recente adição ao domínio da química quântica. É provavelmente um eufemismo afirmar que a DFT influenciou fortemente a evolução da química quântica durante os últimos 15 anos, o termo revolucionou é talvez mais apropriado [48]. A DFT baseia-se no paradigma de Hohenberg-Kohn [49], segundo o qual a densidade eletrónica e o Hamiltoniano eletrónico têm uma relação funcional que permite o cálculo de todas as propriedades moleculares no estado fundamental sem uma função de onda. Isto significa que é possível obter as propriedades de uma molécula após a determinação de apenas três coordenadas, independentemente do tamanho da molécula. Por outro lado, não há conhecimento sobre a natureza desta relação funcional. A única abordagem consiste em construir funcionais de troca-correlação experimentais e avaliar a sua relevância e exatidão. Na sua formulação atual de Kohn-Sham, a DFT é um método ainda muito em desenvolvimento e, embora esteja muito longe da sua promessa, a DFT moderna de Kohn-Sham tem ainda enormes vantagens computacionais sobre os métodos ab initio e pode ser aplicada com a mesma facilidade através de implementações em pacotes de software comercial modernos. As implementações actuais são, por exemplo, os funcionais B3LYP[50,52] e BP86[52,53], que demonstraram ter vantagens significativas sobre as abordagens ab initio, uma vez que o seu desempenho é aproximadamente equivalente ao do método MP2 de correlação eletrónica, ao custo de apenas um cálculo de nível HF/SCF[49]. Para além das vantagens supramencionadas em termos de velocidade e desempenho da DFT em relação aos métodos ab initio tradicionais, esta também se distingue pela sua capacidade de descrever com precisão as propriedades electrónicas dos metais de transição e dos seus complexos [54].

Por outro lado, a (DFT) é uma metodologia intimamente relacionada com a teoria de Hartree-Fock, na medida em que tenta fornecer uma solução para o estado eletrónico de uma molécula diretamente a partir da densidade eletrónica. Para efeitos desta discussão, as metodologias podem ser vistas como essencialmente análogas, em termos de utilização de funções de base para orbitais e na utilização do princípio variacional para localizar a função de onda de energia mais baixa. No entanto, a principal diferença é a inclusão de termos para ter em conta tanto a troca como a correlação ao avaliar a energia da função de onda, resultando numa descrição significativamente melhorada da estrutura eletrónica. Os diferentes funcionais (por exemplo, B3LYP) utilizam aproximações matemáticas diferentes para descrever o Hamiltoniano e, assim, avaliar a energia de uma determinada função de onda. É importante apenas perceber que a DFT (qualquer que seja o funcional escolhido) é uma descrição completa da estrutura eletrónica do que a oferecida pela teoria Hartree-Fock e é significativamente mais completa do que os métodos semi-empíricos. No entanto, como seria de esperar pela inclusão de matemática mais complexa, é também a que consome mais tempo. Uma discussão mais completa da DFT e do funcional pode ser encontrada em vários textos [55, 56].

2.1.3. Método semi-empírico

A utilização inicial da teoria de Hartree-Fock estava limitada a sistemas muito pequenos, para os quais o processo iterativo de localização da função de onda de energia mais baixa era acessível aos primeiros computadores. Estas limitações levaram ao desenvolvimento dos chamados métodos de mecânica quântica semi-empírica, com o objetivo de permitir a investigação de sistemas quimicamente significativos. Como seria de esperar, um dos passos mais demorados no processo de otimização Hartree-Fock é a manipulação das representações matemáticas das orbitais moleculares. Em contrapartida, o método semi-empírico Austin Method 1 (AM1) trata apenas dos electrões de valência, reduzindo assim significativamente a complexidade e, consequentemente, o tempo de uma das etapas mais dispendiosas do ponto de vista computacional [57]. Uma recente re-parametrização do modelo AM1 levou ao desenvolvimento do método semi-empírico do Modelo 1 do Recife (RM1) [58].

No entanto, os métodos semi-empíricos foram desenvolvidos em paralelo com os métodos ab initio, com base na constatação de que eram necessárias mais simplificações para poder efetuar cálculos em sistemas e reacções moleculares de maior dimensão. A principal diferença entre os métodos semi-empíricos e ab initio, bem como a DFT, é a utilização adicional de parâmetros derivados empiricamente ou de cálculos ab initio de alto nível, em vez do cálculo explícito de alguns integrais moleculares [47]. Isto tem a vantagem óbvia de acelerar os cálculos, mas tem um custo significativo em termos de exatidão dos resultados. Métodos como o AM1[57] e o PM3 [59] têm um desempenho muito bom em comparação com os métodos ab initio e DFT para propriedades como cargas atómicas, potenciais electrostáticos, momentos de dipolo e energias da órbita molecular mais ocupada/órbita molecular menos ocupada (HOMO/LUMO). No entanto, apresentam défices significativos em termos de precisão das estruturas moleculares, em especial das geometrias das ligações de hidrogénio (AM1), bem como da hibridação de, por exemplo, átomos de azoto em ligações amida e também de sistemas de anéis aromáticos heterocíclicos[60].

2.1.4. Mecânica molecular

A mecânica molecular (MM) aplica a mecânica newtoniana a uma molécula ou a um sistema molecular para modelar a sua estrutura detalhada e as suas propriedades físicas, calculando a energia de uma molécula em termos das interações ligadas e não ligadas. A MM é útil para estudar uma vasta gama de sistemas moleculares, desde pequenas moléculas a grandes sistemas biológicos ou conjuntos de materiais com muitos milhares a milhões de átomos [61]. A mecânica molecular ou os métodos de campo de forças não têm praticamente nada em comum com qualquer dos métodos descritos até à data. Descrevem as ligações químicas como uma mola entre duas esferas e constroem um modelo de um sistema molecular com base na mecânica clássica e em algumas correcções empíricas[47]. Os parâmetros e conjuntos de parâmetros, frequentemente designados por "campos de forças", são derivados com base num conjunto de treino para proporcionar o melhor ajuste para tipos de ligações ou classes moleculares específicas. Alguns exemplos de campos de força moleculares são a série MM2/MM3/MM4[62], que é generalizada para grandes sistemas orgânicos, enquanto outros, como o AMBER[63], são especializados para certas classes de macromoléculas, como as proteínas. Outros são o campo de força Tripos [64] e o campo de força molecular Merck (MMFF) [65]. Nesta fase, é de salientar que alguns, se não todos, os campos de força são desenvolvidos utilizando cálculos de mecânica quântica para obter parâmetros de ligação e de torção. A título de exemplo, a parametrização do campo de forças MM3 utiliza extensivamente cálculos ab initio de alto nível e os resultados dos cálculos do campo de forças são comparados com cálculos ab initio de alto nível para avaliar a qualidade dos resultados [66].

2.1.5. Mecânica quântica

A química computacional tem por objetivo determinar teoricamente as propriedades das moléculas com base em equações de movimento químicas quânticas ou mecânicas clássicas. As abordagens químicas quânticas são necessárias para modelar com precisão os sistemas à escala atomística e, mais importante ainda, para obter informações sobre a estrutura eletrónica. De acordo com a mecânica quântica (MQ), toda a informação possível sobre um sistema molecular pode ser obtida a partir de uma função de onda, que é obtida através da resolução da equação de onda de Schrodinger. No entanto, a equação de onda de Schrodinger só pode ser resolvida para sistemas de um só eletrão, o que a torna insolúvel para sistemas de muitos electrões. A equação de Schrodinger é a equação fundamental em QM e fornece a base para uma descrição completa da estrutura eletrónica de uma molécula. Devido à dificuldade associada à resolução da equação de Schrodinger para muitos sistemas electrónicos, foi criado um grande número de aproximações. Existem excelentes tratados disponíveis na literatura sobre QM computacional, que tratam de cálculos da estrutura eletrónica baseados na teoria ab initio dos orbitais moleculares ou na teoria do funcional da densidade [6768].

2.1.6. Dinâmica molecular

As simulações de dinâmica molecular (MD) calculam as propriedades microscópicas do sistema, como a posição e as velocidades de cada átomo individual do sistema. No entanto, as propriedades que têm maior valor prático são as propriedades macroscópicas, como o número de partículas, o volume, a energia, a temperatura, a pressão e o potencial químico das partículas[69]. Os processos biológicos são complexos e envolvem um repertório de interações atómicas. Embora as experiências ajudem a deduzir a compreensão dos processos biológicos a nível molecular, as interações atómicas têm de ser modeladas computacionalmente. Assim, as simulações MD são utilizadas para estimar as propriedades microscópicas e os movimentos dinâmicos dos conjuntos de uma estrutura biomolecular. As simulações MD permitem aceder aos estados termicamente acessíveis e ajudam a correlacioná-los com as funções dos sistemas bimoleculares [70]. Trata-se, portanto, de um método que integra as equações de movimento newtonianas para 'N' partículas de um sistema durante um período de tempo, resultando numa trajetória que é utilizada para o cálculo das propriedades micro e macroscópicas. O cálculo das trajectórias MD baseia-se nos princípios da mecânica estatística [71].

2.1.7. Docagem molecular

Uma vez que a investigação biológica se tornou cada vez mais intensiva em dados, os projectos biomédicos exigem ferramentas informáticas. Por exemplo, na investigação para a descoberta de medicamentos, o rastreio de elevado rendimento exige frequentemente o rastreio de milhões de compostos para um determinado alvo proteico. Ferramentas importantes que podem melhorar esses rastreios são o acoplamento molecular e a extração de bases de dados. O acoplamento molecular pode ser definido como a previsão da estrutura de complexos recetor-ligando, em que o recetor é normalmente uma proteína ou um oligómero proteico e o ligando é uma pequena molécula ou outra proteína. São utilizadas diferentes simplificações para tornar a acoplagem molecular tratável em diferentes aplicações. Inicialmente, a acoplagem molecular foi utilizada para prever e reproduzir complexos proteína-ligando [72]. Os êxitos destes primeiros estudos levaram à exploração da docagem molecular como uma ferramenta na descoberta de medicamentos para encontrar e otimizar compostos principais, frequentemente através do rastreio de bases de dados. Desde o desenvolvimento da química combinatória, a docagem molecular é aplicada para ajudar na conceção de bibliotecas combinatórias e para pré-selecionar bases de dados de compostos "reais" ou "virtuais" in silico. Há duas partes fundamentais em qualquer programa de acoplamento, nomeadamente uma pesquisa dos graus de liberdade configuracionais e conformacionais e a função de pontuação ou avaliação. O algoritmo de pesquisa deve pesquisar o panorama da energia potencial com pormenor suficiente para encontrar o mínimo global de energia. Na acoplagem rígida, isto significa que o algoritmo de pesquisa explora diferentes posições para o ligando no local ativo do recetor utilizando os graus de liberdade de translação e rotação. A ligação flexível do ligando acrescenta a este processo a exploração dos graus de liberdade de torção do ligando. A função de pontuação tem de ser suficientemente realista para atribuir as pontuações mais favoráveis ao complexo determinado experimentalmente. Normalmente, a função de pontuação avalia tanto a complementaridade estérica entre o ligando e o recetor como a sua complementaridade química.

2.1.7.1. Aplicações de docagem molecular

Os primeiros procedimentos de acoplamento seguiram-se diretamente ao desenvolvimento de programas interactivos de gráficos moleculares, que permitiram aos investigadores manipular duas moléculas para encontrar configurações diferentes que parecessem complementares, tanto do ponto de vista geométrico como químico. Os programas de acoplamento molecular permitiram a automatização da pesquisa e formas mais objectivas de avaliar o ajuste entre duas moléculas. O número de formas em que duas moléculas podem interagir é grande e, para tornar a pesquisa eficiente, o problema de acoplamento molecular é simplificado e apenas são explorados determinados graus de liberdade. Os primeiros acoplamentos moleculares de complexos proteína-proteína utilizavam a aproximação de corpo rígido, fixando todos os graus de liberdade internos, exceto as três translações e as três rotações. Os átomos das proteínas foram representados explicitamente e foram utilizadas funções de energia potencial simples para avaliar a complementaridade das configurações complexas propostas [73]. Os dados bioquímicos experimentais ajudaram a filtrar as configurações com maior pontuação. Uma aplicação posterior de acoplamento molecular tentou reproduzir a estrutura cristalina conhecida do complexo proteína-proteína BPTI-tripsina [74]. Foram geradas diferentes configurações do complexo utilizando modelos simplificados para as proteínas. A função de energia consistia num termo não ligado e num termo de área de superfície. Numa segunda fase, os modelos com melhor pontuação foram refinados com uma função de energia potencial que consiste num termo não ligado e num termo de solvente. Embora a estrutura cristalina pudesse ser regenerada, a função de energia potencial utilizada para refinar os modelos não conseguiu distinguir o complexo da estrutura cristalina de certos complexos não nativos [74]. Greer & Bush [75] exploraram ainda mais a noção de que os complexos proteína-proteína são formados pelo encaixe de áreas complementares das suas superfícies, utilizando a definição de superfície acessível ao solvente proposta por Richards [76]. Enquanto as experiências de acoplamento de proteínas utilizaram imagens positivas (representações atómicas) de ambas as moléculas envolvidas, o primeiro estudo de acoplamento molecular de complexos proteína-pequena molécula utilizou uma imagem negativa do recetor - esferas que preenchem bolsas e ranhuras na superfície do recetor [72]. Estas esferas descrevem potenciais locais de interação dos ligandos na superfície do recetor e podem ser posteriormente utilizadas para fazer corresponder os átomos dos ligandos. Mais uma vez, os únicos graus de liberdade explorados foram os seis graus de liberdade translacionais e rotacionais. As interações foram avaliadas através da avaliação da sobreposição entre átomos e do potencial para formar ligações de hidrogénio no complexo. Várias estruturas cristalinas de proteína-ligante foram corretamente reproduzidas por este método, mas, tal como no estudo de Wodak&Janin [77], as configurações não nativas obtiveram por vezes melhores resultados do que a configuração da estrutura cristalina. A aproximação do corpo rígido das interações proteína-ligando tem limitações claras: Não tem em conta o ajuste induzido [78], especialmente quando um local críptico no recetor não complexado "abre" sob a influência do ligando. Uma abordagem simples para a amostragem de alguns dos graus de liberdade do ligando foi descrita por DesJarlais et al. [79]. Desde então, foram desenvolvidos vários algoritmos que exploram a flexibilidade do ligando. Também foi considerada a flexibilidade limitada do recetor. Estes avanços são descritos mais adiante nesta secção. A capacidade de reproduzir estruturas cristalinas conhecidas de complexos proteína-ligando relevantes do ponto de vista farmacêutico permitiu a exploração destes métodos como ferramentas de conceção de medicamentos com base na estrutura. A primeira aplicação analisou uma biblioteca de ligandos de pequenas moléculas contra dois receptores proteicos diferentes. Foram encontrados ligandos quimicamente diferentes que correspondiam geometricamente aos sítios receptores, mas a sua complementaridade química não foi avaliada [80]. A protease do VIH-1 foi estudada utilizando o rastreio de bibliotecas in silico após a resolução da estrutura cristalina, tendo sido encontrados vários inibidores não peptídicos interessantes. Os mais promissores foram testados experimentalmente e inibem a protease de forma selectiva [81]. Está disponível uma análise recente da conceção de medicamentos baseada na estrutura [82]. A química combinatória permite a síntese rápida de grandes bibliotecas de compostos, mas o rastreio experimental destas bibliotecas pode ser moroso e dispendioso. A química computacional pode ser utilizada para pré-selecionar bases de dados de compostos, a fim de diminuir o número de compostos a testar, e ajudar na conceção de bibliotecas, utilizando métodos de informática química para selecionar um subconjunto altamente diversificado de compostos da base de dados original para rastreio. A docagem molecular também tem sido aplicada para conceber bibliotecas dirigidas contra alvos específicos. Os compostos que apresentam os resultados mais favoráveis são subsequentemente sintetizados e testados quanto à sua afinidade de ligação experimental [83].

2.2. ADMET

A realização da viagem de um fármaco através do corpo é medida nas dimensões de absorção, distribuição, metabolismo e eliminação (ADME). O fármaco oral perfeito será rápida e totalmente absorvido a partir do canal alimentar e descobrirá a sua direção direta e particularmente para o seu local de ação. Não se ligará nem interagirá com receptores relacionados e não se ligará de forma não particular às proteínas séricas de passagem. O composto perfeito pode ser um substrato para as enzimas hepáticas e transportadores que decompõem ou eliminam compostos estranhos do corpo, mas de uma forma totalmente previsível. Também não irá induzir a sua atividade (ou mesmo inibi-las). Por conseguinte, não há qualquer risco de que a degradação deste composto perfeito dê origem a metabolitos tóxicos e há todas as hipóteses de que o composto tenha uma semi-vida adequada, passando gradualmente pelos rins sem os prejudicar. Na realidade atual, como é óbvio, os compostos químicos raramente apresentam esta combinação ideal de caraterísticas. Poucos são completamente absorvidos pelo intestino. A percentagem que passa é distribuída por vários locais do organismo, incluindo, mas não exclusivamente, o local de ação pretendido. Uma grande parte passa pelo fígado, onde pode ser metabolizada por enzimas, como as oxigenases P450, as transferases de açúcar e o sistema de transporte de fármacos. Os fármacos podem induzir a atividade destes "seguranças" moleculares cujo principal papel biológico é mostrar a porta a compostos não nutritivos, cuja entrada os guardiões mais acolhedores do intestino, pulmão e outros epitélios permitiram insensatamente. A porta, neste caso, é geralmente o rim. A eliminação, o destino final de todos os compostos estranhos, incluindo os fármacos, é relativamente fácil de medir, mas muito mais difícil de explicar ou prever para qualquer composto em particular. É, evidentemente, altamente dependente da complexa série de processos moleculares, celulares e fisiológicos que constituem a absorção, distribuição e metabolismo dos fármacos.

As propriedades ADME de um medicamento, juntamente com as suas propriedades farmacológicas (como, por exemplo, um agonista ou antagonista altamente seletivo de um alvo biológico específico, como um recetor), são convencionalmente consideradas como parte do desenvolvimento do medicamento - o processo de tornar uma molécula tão eficaz quanto possível como medicamento. A toxicologia - o T em ADMET - é a arte de garantir que a molécula não causa danos, independentemente do bem que provoca. Embora um medicamento que mata dificilmente seja um bom medicamento, a inovação em toxicologia tende a ser limitada pela necessidade de cumprir os requisitos regulamentares.

2.2.1. Propriedades físico-químicas

Todas as moléculas de fármacos interagem com estruturas biológicas (por exemplo, biomembranas, o núcleo da célula), biomoléculas (por exemplo, lipoproteínas, enzimas, ácidos nucleicos) e outras pequenas moléculas no seu caminho "das gengivas para o recetor". Só desvendando primeiro as interações primárias relativamente simples entre uma molécula de fármaco e as várias estruturas moleculares que encontra durante o seu percurso até ao recetor é que podemos compreender a atividade do fármaco a nível celular e molecular. Uma vez que todas as reacções biológicas têm lugar num meio aquoso ou na interface entre a água e um lípido, as propriedades da água e desta camada limite devem ser estudadas como parte de uma compreensão global da interação de uma molécula de fármaco com o seu recetor. As propriedades físico-químicas reflectem as caraterísticas de solubilidade de um fármaco (tanto em meio aquoso como lipídico) e ajudam a determinar a capacidade de um fármaco penetrar nas barreiras e aceder aos receptores em todo o organismo. A administração oral continua a ser considerada a via de administração de fármacos mais comummente aceite, oferecendo inúmeras vantagens, incluindo a conveniência, a facilidade de cumprimento e a relação custo-eficácia. Não é surpreendente que a biodisponibilidade oral desejável seja uma das considerações mais importantes para o desenvolvimento bem sucedido de moléculas bioactivas. Uma biodisponibilidade oral deficiente afecta o desempenho do medicamento e conduz a uma elevada variabilidade intra e interpacientes. O advento da química combinatória e do rastreio de elevado rendimento nos últimos anos resultou em alterações desfavoráveis nas propriedades moleculares e físico-químicas dos candidatos a fármacos. A compreensão suficiente das propriedades que afectam a biodisponibilidade oral tornou-se de importância vital para a conceção de novos candidatos a fármacos e de formulações que os possam administrar com êxito [84]. Nos últimos anos, registaram-se numerosas tentativas para prever as propriedades físico-químicas mais desejáveis para um bom candidato a fármaco. A análise das estruturas dos fármacos administrados por via oral e dos candidatos a fármacos, tal como foi efectuada por Lipinski e seus colegas [42], tem sido o principal guia para correlacionar as propriedades físico-químicas com candidatos a fármacos bem sucedidos. As diferenças relacionadas com o tempo nas propriedades físicas dos medicamentos orais também foram analisadas [85]. Estas análises conduziram a vários conjuntos de regras relacionadas com a lipofilicidade, o peso molecular (MW), o número de doadores e aceitadores de ligações de hidrogénio, a área de superfície polar e a rigidez molecular, indicada pelo número de ligações rotativas [86].

2.2.1.1. Peso molecular

O peso molecular (MW) pode ser facilmente calculado e é bastante relevante do ponto de vista da ADME. Estudos elaborados demonstraram que a permeabilidade diminui com o aumento do peso molecular; esta observação levou Lipinski a propor um limite de 500 Da para potenciais fármacos. No entanto, algumas moléculas com um MW >500 Da são absorvidas. Muitos produtos naturais têm um MW >500 Da, mas há indicações de que a absorção de alguns destes compostos pode ser mediada por transportadores de absorção. Nalguns casos, o MW é deliberadamente aumentado (e pode exceder 500 Da) fazendo com que um pró-fármaco melhore a permeabilidade. Por exemplo, o olmesartan medoxomil é um pró-fármaco éster e é bem absorvido, enquanto o fármaco ativo, dianiónico, é mal absorvido. A massa molecular também está vagamente correlacionada com a depuração, aumentando esta com o aumento da massa molecular. A razão pode ser simplesmente o facto de o número de regiões metabolicamente reactivas nas moléculas (também designadas por "pontos fracos") aumentar com o MW. Tem-se argumentado que o volume molecular (MV) é mais relevante para a taxa e extensão da absorção oral e distribuição tecidular do que o MW [87].

A MV está relacionada com a MW e pode ser obtida através da seguinte equação.

$$MV = MW/1{,}336 \quad \text{................} (1)$$

No entanto, os átomos de halogéneo devem ser contabilizados de forma diferente porque têm um volume relativamente pequeno para a sua massa atómica. Para ter em conta este efeito, devem ser utilizados os seguintes pesos atómicos corrigidos para o flúor, o cloro, o bromo e o iodo ao calcular a massa molecular corrigida dos medicamentos que contêm halogéneos: 5,2, 19,2, 26,3 e 37,4 Da [87]. Os pesos atómicos reais do flúor, cloro, bromo e iodo são 19,0, 35,5, 79,9 e 126,9 Da. Muitos fármacos contêm múltiplos átomos de halogéneo, como o flúor e o cloro, para melhorar a estabilidade metabólica e/ou a interação com o alvo, mas estes fármacos podem ter um MW >500 Da e, por conseguinte, violar a "regra dos 5" de Lipinski. No entanto, se forem utilizados os pesos atómicos corrigidos para os átomos de halogéneo, o MW corrigido pode ser reduzido significativamente e explicar as propriedades ADME favoráveis. Por exemplo, a amiodarona contém dois átomos de iodo e tem um MW de 645 Da. No entanto, o peso molecular corrigido é de 466 Da. (Além disso, a amiodarona tem um log P de 8,9, mas o log D7,4 é muito inferior, 3,4). De facto, as propriedades ADME deste composto são boas: a biodisponibilidade é de 30% e a depuração é de cerca de 2 ml/min/kg [88,89]

2.2.1.2. Lipofilicidade

As más propriedades biofarmacêuticas podem conduzir a uma má absorção oral e, por conseguinte, a uma baixa biodisponibilidade oral. Em geral, uma fraca solubilidade está relacionada com uma elevada lipofilicidade, enquanto os compostos hidrofílicos apresentam geralmente uma fraca permeabilidade e, por conseguinte, uma baixa absorção. Por conseguinte, a medição da solubilidade e da lipofilicidade, bem como das constantes de ionização que afectam estas duas propriedades, foi automatizada e integrada no paradigma da descoberta de medicamentos de elevado rendimento. A relação entre a lipofilicidade e as propriedades farmacocinéticas foi discutida por vários autores [90-92]. A lipofilicidade é o principal parâmetro físico-químico que liga a permeabilidade da membrana à via de depuração (metabólica ou renal). A medição da lipofilicidade de um composto é facilmente passível de automatização. O padrão de ouro para expressar a lipofilicidade é o coeficiente de partição P (ou log P para uma escala mais conveniente) num sistema octanol/água. Há um interesse contínuo em desenvolver e melhorar os programas de cálculo do log P, e existem muitos desses programas disponíveis. A maioria das abordagens de cálculo baseia-se em valores de fragmentos, embora os métodos simples baseados no tamanho molecular e nos indicadores de ligação de hidrogénio para grupos funcionais para calcular os valores de log P também tenham demonstrado ser extremamente versáteis [93]. Os coeficientes de partição influenciam profundamente as caraterísticas de transporte dos fármacos durante a fase farmacocinética; ou seja, os coeficientes de partição afectam a forma como os fármacos chegam ao local de ação a partir do local de administração (por exemplo, local de injeção, trato gastrointestinal). Os fármacos são normalmente distribuídos pelo sangue, mas também têm de penetrar e atravessar muitas barreiras antes de chegarem ao local de ação.

Assim, o coeficiente de partição (que reflecte a capacidade de um fármaco ser solúvel nas fases aquosa e lipídica) determinará os tecidos que um determinado composto pode atingir. Por um lado, os fármacos extremamente solúveis em água podem ser incapazes de atravessar as barreiras lipídicas (por exemplo, a barreira hemato-encefálica) e aceder a órgãos ricos em lípidos, como o cérebro e outros tecidos neuronais. Por outro lado, os compostos que são muito lipofílicos ficarão presos no primeiro ambiente lipídico que encontrarem, como o tecido adiposo, e não conseguirão sair rapidamente deste local para atingir o seu alvo. Naturalmente, o coeficiente de partição é apenas um dos vários parâmetros físico-químicos que influenciam o transporte e a difusão do fármaco, que por sua vez é apenas um aspeto da atividade do fármaco. Como é evidente, os valores de log P são considerações importantes na conceção de medicamentos. Para ser bem sucedida durante a fase farmacocinética da ação do medicamento, a molécula do medicamento deve demonstrar a combinação certa de solubilidade lipídica e solubilidade em água. Esta propriedade é melhor representada pelo valor logP. Se o valor logP for demasiado baixo, o composto é demasiado solúvel em água, pelo que não conseguirá penetrar nas barreiras lipídicas e será excretado demasiado rapidamente; se o valor logP for demasiado elevado, o composto é demasiado solúvel em lípidos e ficará indesejavelmente sequestrado nas camadas de gordura. Ser capaz de prever estas propriedades de solubilidade é importante para o processo de conceção de medicamentos. Por conseguinte, a capacidade de determinar, calcular ou prever os valores de logP é altamente desejável para o projetista de medicamentos.

2.2.1.3. Solubilidade

Uma propriedade física altamente significativa de todas as moléculas de fármacos importantes do ponto de vista fisiológico e farmacológico é a sua solubilidade (tanto em meio aquoso como não aquoso), porque só em solução podem interagir com as estruturas celulares e subcelulares que contêm receptores de fármacos, desencadeando assim reacções farmacológicas. Teoricamente, não existem compostos absolutamente insolúveis; todas as moléculas são solúveis nos "compartimentos" lipídicos aquosos e não aquosos de uma célula. O grau de solubilidade, no entanto, difere entre cada compartimento. A maioria dos fármacos bem sucedidos apresenta uma certa solubilidade em ambientes aquosos e lipídicos. A solubilidade é uma função de muitos parâmetros moleculares. A ionização, a estrutura e o tamanho molecular, a estereoquímica e a estrutura eletrónica influenciam as interações básicas entre o solvente e o soluto. Por outro lado, a água forma ligações de hidrogénio com iões ou com compostos polares não iónicos através de grupos - OH, -NH, -SH e -C=O, ou com os pares de electrões não ligados de átomos de oxigénio ou azoto. O ião ou a molécula adquire assim um invólucro de hidrato e separa-se do sólido a granel, ou seja, dissolve-se. A interação dos compostos não polares com os lípidos baseia-se num fenómeno diferente, a interação hidrofóbica, mas o resultado final é o mesmo: formação de uma dispersão molecular do soluto no solvente.

No entanto, o primeiro passo no processo de absorção do fármaco é a desintegração do comprimido ou da cápsula, seguida da dissolução do fármaco ativo. Obviamente, a baixa solubilidade é prejudicial a uma boa e completa absorção oral, pelo que a medição precoce desta propriedade é de grande importância na descoberta de medicamentos. Reflectindo esta necessidade, foram desenvolvidos métodos rápidos e robustos, baseados na turbidimetria e na nefelometria, para medir eficazmente a solubilidade de um grande número de compostos [94,95]. Idealmente, apenas os compostos solúveis seriam sintetizados num programa de descoberta de medicamentos. Os métodos de previsão da solubilidade - por exemplo, redes neuronais - podem ajudar neste esforço. No entanto, atualmente, nenhuma abordagem é suficientemente robusta para prever com precisão a baixa solubilidade. Muitos dos actuais programas de previsão de solubilidade [96] utilizam dados de treino de diferentes laboratórios com qualidade variável e condições experimentais diferentes.

2.2.1.4. pKa

A ionização é outra propriedade crucial da estrutura eletrónica da molécula de um fármaco. O pKa de um fármaco é importante para a sua atividade farmacológica, uma vez que influencia tanto a absorção como a passagem do fármaco através das membranas celulares. Em alguns casos, apenas a forma iónica de um fármaco é ativa em condições biológicas. O transporte do fármaco durante a fase farmacocinética representa um compromisso entre a maior solubilidade da forma ionizada de um fármaco e a maior capacidade da forma não ionizada para penetrar na bicamada lipídica das membranas celulares. Um fármaco tem de atravessar muitas barreiras lipídicas à medida que se desloca para o recetor que é o seu local de ação. No entanto, as membranas celulares contêm muitas espécies iónicas (fosfolípidos, proteínas) que podem repelir ou ligar fármacos iónicos; e os canais iónicos, normalmente revestidos de grupos funcionais polares, podem atuar de forma análoga. Os fármacos iónicos são também mais hidratados; podem, por isso, ser mais "volumosos" do que os fármacos não iónicos. Regra geral, os fármacos atravessam as membranas numa forma não dissociada, mas actuam como iões (se a ionização for possível). Um pKa na gama de 6-8 parece, portanto, ser mais vantajoso porque a espécie não ionizada que atravessa as membranas lipídicas tem uma boa probabilidade de se tornar ionizada e ativa dentro desta gama de pKa. Esta consideração não se refere a compostos que são transportados ativamente através dessas membranas. Um elevado grau de ionização pode impedir que os fármacos sejam absorvidos a partir do trato gastrointestinal, diminuindo assim a sua toxicidade sistémica. Esta é uma vantagem no caso de desinfectantes aplicados externamente ou de sulfanilamidas antibacterianas, que se destinam a permanecer no trato intestinal para combater infecções. Além disso, alguns derivados antibacterianos da aminoacridina só são activos quando totalmente ionizados. Estes agentes bacteriostáticos, agora obsoletos, intercalam-se (posicionam-se ou entrelaçam-se) entre os pares de bases do ADN. Os catiões destes fármacos, obtidos por protonação dos grupos amino, formam então sais com os iões fosfato do ADN, ancorando os fármacos firmemente na sua posição. A ionização também pode desempenhar um papel na interação eletrostática entre os fármacos iónicos e as cadeias laterais proteicas ionizadas dos receptores de fármacos. No entanto, o pKa é a constante de ionização de um composto [97]. Mais de 60% dos fármacos comercializados são ionizáveis. O pKa afecta a solubilidade, a permeabilidade, o log D e a absorção oral, modulando a distribuição de espécies neutras e carregadas. Os compostos ácidos tendem a ser mais solúveis e menos permeáveis a pHs elevados e os compostos básicos tendem a ser mais solúveis e menos permeáveis a pHs baixos. O pKa tem impacto na atividade biológica e no metabolismo através da interação eletrostática. Por exemplo, o CYP2D6 metaboliza normalmente bases contendo azoto em que o azoto básico se encontra a 5-7A° do local de metabolismo. A previsão pode ser feita através da aplicação de um método de perturbação mecanicista para estimar o valor de pKa com base em vários modelos que têm em conta os efeitos electrónicos, os efeitos de solvatação, os efeitos de ligação de hidrogénio e a influência da temperatura (por exemplo, SPARC). Uma das técnicas mais comuns utilizadas na previsão do pKa é a relação quantitativa estrutura/atividade/propriedade, derivando as suas equações de ajuste de mínimos quadrados parciais ou regressão linear múltipla. Outros métodos incluem redes neuronais, mecânica quântica contínua, modelos de solvatação e modelos de anti-conetividade.

2.2.1.5. Ligação de hidrogénio

A capacidade de ligação de hidrogénio de um soluto de fármaco é agora reconhecida como um determinante importante da permeabilidade. A ligação de hidrogénio baseia-se numa interação eletrostática entre o par de electrões sem ligação de um heteroátomo (N, O e mesmo S) como dador e o átomo de hidrogénio com deficiência de electrões dos grupos -OH, -SH e -NH. As ligações de hidrogénio são fortemente direcionais e as ligações de hidrogénio lineares são energeticamente preferidas às ligações angulares. As ligações de hidrogénio são também algo fracas, com energias que variam entre 7 e 40 kJ/mol. Para atravessar uma membrana, uma molécula de fármaco precisa de quebrar ligações de hidrogénio com o seu ambiente aquoso. Quanto mais ligações de hidrogénio potenciais uma molécula puder fazer, mais energia custa esta quebra de ligação, pelo que um potencial de ligação de hidrogénio elevado é uma propriedade desfavorável que está frequentemente relacionada com baixa permeabilidade e absorção. Inicialmente, o /MogP - a diferença entre a partição octanol/água e alcano/água - foi utilizado como medida da ligação de hidrogénio do soluto, mas esta técnica é limitada pela fraca solubilidade de muitos compostos na fase alcano. Uma variedade de abordagens computacionais abordou o problema de estimar a capacidade de ligação de hidrogénio, desde a simples contagem de heteroátomos (O e N), a consideração de moléculas em termos do número de aceitadores e dadores de ligações de hidrogénio e medidas mais sofisticadas que têm em conta parâmetros como factores de energia livre[98] e área de superfície polar (dinâmica) (PSA). Estas últimas são facilmente calculadas e pensa-se atualmente que uma única conformação de energia mínima é suficiente para calcular a PSA, em vez do cálculo da área de superfície polar dinâmica, que é mais exigente em termos de computação e consome mais tempo [99]. Foi comunicado um algoritmo rápido baseado em fragmentos para o PSA32 , que permite que os cálculos do PSA sejam implementados no rastreio virtual.

Além disso, a ligação de hidrogénio tem uma importância considerável na estabilização de estruturas através da formação de ligações intramoleculares. Exemplos clássicos deste tipo de ligação ocorrem na hélice α da proteína e nos pares de bases do ADN. Surpreendentemente, as ligações de hidrogénio são provavelmente menos importantes na ligação intermolecular entre duas estruturas (isto é, o fármaco e o seu recetor) em solução aquosa, porque os grupos polares dessas estruturas formam ligações de hidrogénio com as moléculas de água em solvência. Não há vantagem em trocar a ligação de hidrogénio com as moléculas de água pela ligação de hidrogénio com outra molécula, a menos que uma ligação adicional mais forte aproxime suficientemente as duas moléculas. No entanto, o grau de capacidade de ligação de hidrogénio da molécula também desempenha um papel significativo na facilitação da permeabilidade da BHE.

Em geral, o aumento da capacidade de ligação de hidrogénio de uma molécula leva a uma diminuição da permeabilidade da BHE, como se observa nas moléculas altamente polares/com forte ligação de hidrogénio que não atravessam facilmente a BHE. Por outro lado, ao identificar os dadores ou aceitadores de ligações de hidrogénio e outros pontos de interação intermolecular no local do recetor, é possível conceber moléculas complementares que se adaptem a este local. Em suma, trata-se do processo de conceção de um farmacóforo e, em seguida, de conceção da bagagem molecular em torno do farmacóforo para garantir que os grupos funcionais são mantidos numa disposição tridimensional adequada. A mecânica molecular e a mecânica quântica são bem adequadas para esta tarefa de conceber novas moléculas como possíveis medicamentos.

2.2.1.6. Permeabilidade

A permeabilidade é um fator importante para a passagem através das membranas celulares em ensaios baseados em células, a absorção através do trato gastrointestinal e a penetração através da barreira hemato-encefálica e através de outras barreiras fisiológicas. Existem vários mecanismos de transporte envolvidos nas pequenas moléculas: difusão passiva transcelular, transporte passivo paracelular e efluxo ativo/mediado por transportadores [100]. As duas vias mais importantes para a absorção de medicamentos são a difusão passiva transcelular e o transporte de efluxo pela P-gp ou por proteínas multirresistentes. A difusão transcelular é impulsionada pelo gradiente de concentração, enquanto o transporte de efluxo é impulsionado pela energia. A via paracelular só está disponível no intestino delgado, enquanto a absorção transcelular pode ocorrer ao longo de todo o trato gastrointestinal. O trato GI também contém enzimas de metabolismo de fármacos (por exemplo, CYP3A4, sulfotransferases) e bombas de efluxo (em particular a P-gp) que diminuem a absorção de compostos. A investigação destes mecanismos é complexa, tendo sido desenvolvidos para o efeito ensaios in vitro, como as células Caco-2 (incluem transportadores) e o PAMPA (ensaio de permeabilidade de membranas artificiais paralelas que analisa os transportes passivos), que podem ser simulados in silico. O efluxo de P-gp é um mecanismo importante que a natureza utiliza para impedir a entrada de substâncias tóxicas. A P-gp é abundante nas células com barreiras protectoras. Desempenha um papel fundamental na resistência aos medicamentos em quimioterapia, na penetração da BHE e na absorção oral. Também desempenha um papel importante no metabolismo, onde a P-gp e o CYP3A4 trabalham em conjunto para eliminar certos medicamentos. A isto dá-se o nome de "aliança efluxometabolismo", em que ambos actuam numa grande variedade de xenobióticos e se sobrepõem quanto à especificidade do substrato e à localização nos tecidos. Existe uma forte relação entre a solubilidade e a lipofilicidade - quando o log P aumenta, a solubilidade tende a diminuir [101]. Em geral, quando se tem de escolher entre melhorar a solubilidade ou a permeabilidade, deve ser dada preferência à permeabilidade, porque a solubilidade pode frequentemente ser melhorada através da formulação [102-104].

2.2.1.7. Área de superfície polar topológica

O cálculo da área de superfície polar exacta (3D PSA) pode ser moroso, porque envolve o cálculo da estrutura tridimensional e da própria PSA. A abordagem mais fácil e mais rápida é o cálculo da TPSA, que envolve a soma das contribuições dos fragmentos polares individuais [105]. Embora o TPSA se baseie apenas na estrutura bidimensional, a correlação entre o PSA 3D e o TPSA demonstrou ser de 0,99 para 34 810 moléculas do World Drug Index. No entanto, o TPSA é um parâmetro importante para a permeabilidade passiva da membrana, com um TPSA superior a 120 $A^{\circ 2}$ associado a uma fraca absorção e um valor superior a 90 $A^{\circ 2}$ associado a uma fraca penetração no cérebro. Este efeito pode ser atribuído à diminuição da permeabilidade da membrana para compostos polares. Em contrapartida, um TPSA muito baixo (<50 $Å^2$) pode levar a uma maior extração intestinal e hepática [106], a um maior risco de atividade fora do alvo e a uma maior toxicidade [107]. Para facilitar o cálculo, o número de HBDs e HBAs é geralmente equiparado à soma de todos os grupos NH e OH e à soma de todos os átomos de N e O, respetivamente. O número de HBDs e HBAs está claramente correlacionado com a TPSA, tendo sido estabelecido que a permeabilidade e, por conseguinte, a absorção, diminui com o aumento do número de HBDs e HBAs. Com base numa base de dados de 309 compostos com dados iv e po em seres humanos,[107] mostraram que a fração absorvida reduz significativamente quando o número de HBD e HBA excede 10, enquanto a extração intestinal e hepática diminui ligeiramente com o aumento do número de HBD e HBA.

2.2.2. ADME fundamental na descoberta de medicamentos

A farmacocinética é o estudo da absorção, distribuição, metabolismo e excreção, que é frequentemente escrito como um acrónimo, ADME. Embora cada processo (por exemplo, ADME) tenha definições muito específicas, em geral, o processo farmacocinético descreve o movimento dos medicamentos para dentro, dentro e fora do corpo, bem como a relação destes processos com o efeito farmacológico, toxicológico ou terapêutico de um medicamento. O estudo destes processos e dos factores que os influenciam é fundamental para a escolha de um candidato a medicamento adequado.

2.2.2.1. Absorção

Para que um fármaco exerça o efeito farmacológico desejado, é necessário que estejam disponíveis concentrações terapêuticas do fármaco nos locais de ação celular. A absorção a partir do local de administração é um dos principais obstáculos que uma molécula de fármaco encontra antes de poder atingir a circulação sistémica. Dependendo da via de administração do fármaco, existem várias barreiras anatómicas à sua absorção e consequente biodisponibilidade sistémica. A capacidade de um fármaco para atravessar estas barreiras depende não só das propriedades físico-químicas da molécula do fármaco e das caraterísticas da formulação (conceção do medicamento), mas também dos vários processos fisiológicos no local de absorção. Além disso, as interações entre fármaco-fármaco, fármaco-alimento, fármaco-doença, bem como a presença de várias enzimas metabolizadoras de fármacos e de proteínas de transporte de absorção e efluxo nas barreiras membranares, influenciam a absorção do fármaco. Para um composto que atravessa uma membrana por difusão puramente passiva, pode ser feita uma estimativa razoável da permeabilidade utilizando propriedades moleculares individuais, como o log D ou a capacidade de ligação de hidrogénio. No entanto, para além da componente puramente físico-química que contribui para o transporte membranar, muitos compostos são afectados por eventos biológicos, incluindo a influência dos transportadores e do metabolismo. Muitos fármacos parecem ser substratos para proteínas transportadoras, que podem promover ou dificultar a permeabilidade. Em particular, foi bem estudado o papel combinado do citocromo P450 3A4 (CYP3A4) e da glicoproteína P (P-gp) no intestino como barreira à absorção de medicamentos [108].

Foram utilizados numerosos sistemas de modelos in vitro e in vivo para avaliar a potencial absorção de novas entidades químicas. Muitos laboratórios baseiam-se em modelos de cultura de células de permeabilidade intestinal, tais como Caco-2, HT-29 e MDCK. Para tentar aumentar o rendimento das medições de permeabilidade, foram utilizados vários métodos físico-químicos, tais como colunas de membrana artificial imobilizada (IAM) e ensaio de permeação de membrana artificial paralela (PAMPA). Mais recentemente, tem sido dada muita atenção ao desenvolvimento de métodos computacionais para prever a absorção de fármacos. Outras técnicas in vitro disponíveis para estudar a absorção de fármacos incluem o modelo de saco intestinal de rato evertido, as câmaras de Ussing, a perfusão in situ e in vivo do intestino do rato. No entanto, estas técnicas têm limitações próprias, incluindo a perda de viabilidade de várias preparações intestinais isoladas, bem como a dificuldade de extrapolar para o ser humano os resultados obtidos em modelos animais.

Os modelos mais simples baseiam-se num único descritor, como o log P ou o log D, ou a área de superfície polar, que é um descritor do potencial de ligação de hidrogénio31. Foram utilizadas diferentes abordagens multivariadas, como regressões lineares múltiplas, mínimos quadrados parciais e redes neurais artificiais, para desenvolver relações quantitativas entre a estrutura e a absorção intestinal humana [110].

2.2.2.2. Distribuição

A distribuição de fármacos descreve o movimento das moléculas de fármacos da circulação sistémica para o local extravascular. Uma vez que a maioria dos alvos dos fármacos não se encontra na vasculatura, o acesso aos locais-alvo depende normalmente da distribuição dos fármacos. O processo de distribuição é controlado pela difusão passiva através das membranas lipídicas, pela presença de processos de transporte ativo mediados por transportadores que envolvem o xenobiótico e pela ligação proteica no sangue e nos tecidos. Quando a distribuição atinge o equilíbrio entre o sangue e os tecidos, as concentrações do fármaco nos tecidos e nos fluidos extracelulares são reflectidas pela concentração plasmática (se não houver eliminação do fármaco nos tecidos). O metabolismo e a excreção ocorrem em simultâneo com a distribuição, tornando o processo dinâmico e complexo.

2.2.2.2.1. Volume de distribuição

O volume de distribuição não tem nada a ver com o volume real do corpo ou dos seus compartimentos de fluidos, mas sim com a distribuição do fármaco no corpo. É um parâmetro útil para considerar a quantidade relativa de fármaco fora do compartimento central ou nos tecidos. Os fármacos que permanecem na circulação tendem a ter um baixo volume de distribuição. No caso de fármacos altamente ligados aos tecidos, relativamente pouco de uma dose permanece na circulação para ser medida; assim, a concentração plasmática é baixa e o volume de distribuição é elevado. Se o Vd se aproximar do volume plasmático (~0,04 L/kg em humanos), isto sugere que a molécula se distribui apenas na vasculatura. Por outro lado, um Vd de ~ 0,6 L/kg indica uma distribuição na água corporal total. Um volume superior a ~2 L/kg implica uma distribuição extensiva nos tecidos. Cada fármaco é distribuído de forma única no organismo. Alguns fármacos distribuem-se maioritariamente na gordura, outros permanecem no FCE e outros ligam-se extensivamente a tecidos específicos. O volume de distribuição fornece uma referência para a concentração plasmática esperada para uma determinada dose, mas fornece poucas informações sobre o padrão específico de distribuição.

2.2.2.2.2. Ligação às proteínas plasmáticas

Para avaliar a distribuição dos candidatos a fármacos, é fundamental ter um conhecimento profundo da ligação às proteínas plasmáticas e tecidulares (cérebro, fígado, etc.). A ligação dos fármacos às proteínas plasmáticas [por exemplo, albumina do soro humano, glicoproteína α1-ácida (α-AGP)] limita o movimento livre do fármaco e reduz o volume de distribuição, a extração renal, o metabolismo hepático e a penetração nos tecidos. Nalguns casos, os dados relativos à ligação às proteínas plasmáticas são úteis para diagnosticar efeitos in vivo complexos, como a baixa penetração no cérebro, depois de terem sido realizadas experiências in vivo. Além disso, os dados de ligação às proteínas plasmáticas são úteis para conceber regimes de dose óptimos para estudos de eficácia e para estimar as margens de segurança durante o desenvolvimento de medicamentos. A ligação dos fármacos aos tecidos pode provocar a acumulação de fármacos nos tecidos ou nos compartimentos corporais, o que pode prolongar a ação do fármaco, uma vez que os tecidos libertam o fármaco acumulado à medida que a concentração plasmática do fármaco diminui. Alguns medicamentos acumulam-se nas células porque se ligam a proteínas, fosfolípidos ou ácidos nucleicos [110].

2.2.2.2.3. Barreira hemato-encefálica

Os fármacos chegam ao sistema nervoso central (SNC) através dos capilares cerebrais e do líquido cefalorraquidiano (LCR). Embora o cérebro receba cerca de 1/6 do débito cardíaco, a distribuição de fármacos para o tecido cerebral é restrita [111]. Em alguns casos, os fármacos solúveis em lípidos (por exemplo, tiopental) entram facilmente no cérebro, mas os compostos polares não. A razão é a barreira hematoencefálica (BHE), que consiste no endotélio dos capilares cerebrais e na bainha astrocitária. As células endoteliais dos capilares cerebrais, que são mais unidas umas às outras do que as da maioria dos capilares, retardam a difusão de fármacos solúveis em água. A taxa de penetração do fármaco no LCR, tal como noutros tecidos celulares, é determinada principalmente pela extensão da ligação às proteínas, pelo grau de ionização, pelo coeficiente de partição lípido-água do fármaco e pelos transportadores activos. Recentemente, foram desenvolvidos modelos celulares in vitro para avaliar a permeabilidade da barreira hemato-encefálica e o transporte de novos compostos [111]. Os modelos de culturas primárias de células endoteliais cultivadas na presença ou ausência de astrócitos fornecem bons modelos das propriedades da barreira hemato-encefálica, mas são demasiado lentos e dispendiosos para uma utilização de rotina. Em vez disso, os modelos de permeabilidade genéricos, como as células Caco-2 ou MDCK, são normalmente utilizados para prever a permeabilidade da barreira hemato-encefálica, embora seja necessário reconhecer as suas limitações [112]. O modelo da barreira hemato-encefálica em co-cultura de astrócitos continua a ser o modelo de eleição para estudos mecanicistas mais pormenorizados [113].

2.2.2.3. Metabólico

O metabolismo é a conversão do fármaco no organismo noutra forma química ou metabolito. O metabolito pode ser ativo ou inativo, mas, uma vez ocorrido o metabolismo, o fármaco é considerado como estando fora do organismo, embora o metabolito permaneça. O metabolito terá um perfil cinético diferente do do fármaco. O metabolismo é geralmente enzimático, ocorre mais frequentemente no fígado e pode envolver uma reação de fase 1 (ou seja, oxidação, redução, hidrólise e/ou desalquilação) ou uma reação de fase 2 (ou seja, acetilação, sulfatação e glucuronidação). O sistema enzimático mais importante do metabolismo de fase I é o citocromo P-450 (CYP-450), uma superfamília microssómica de isoenzimas que catalisa a oxidação de muitos fármacos. As enzimas CYP-450 podem ser induzidas ou inibidas por muitos fármacos e substâncias, ajudando a explicar muitas interações medicamentosas em que um fármaco aumenta a toxicidade ou reduz o efeito terapêutico de outro fármaco.

O metabolismo dos medicamentos desempenha um papel cada vez mais importante na descoberta e desenvolvimento de medicamentos. A compreensão do destino metabólico de um fármaco e das vias de eliminação no início do desenvolvimento de um fármaco pode fornecer informações valiosas para o desenvolvimento posterior. Essas informações podem ser utilizadas para identificar o potencial de interações medicamentosas no ser humano, explicar as diferenças interindividuais e étnicas e indicar a necessidade de uma maior caraterização farmacológica ou de modificação da estrutura. É importante compreender as vias metabólicas para prever com exatidão a depuração no ser humano. Para compreender as vias metabólicas, a identificação dos metabolitos é fundamental. Os sistemas in vitro podem ser utilizados para gerar uma grande quantidade de metabolitos através da utilização selectiva de vários reagentes e cofactores. A estrutura dos metabolitos pode ser elucidada por LC/MS, LC/MS/MS ou RMN, o que ajudará a confirmar a via metabólica [114]. É importante selecionar espécies animais que tenham perfis metabólicos semelhantes aos dos seres humanos. O perfil metabólico de um fármaco obtido in vitro reflecte geralmente o padrão de metabolitos in vivo, embora limitado a aspectos qualitativos. Do ponto de vista fisiológico e bioquímico, as fatias de fígado cortadas com precisão são especialmente úteis para obter o perfil metabólico completo de um fármaco in vitro, porque este sistema retém as condições fisiológicas das enzimas e dos cofactores das reacções de fase I e de fase II e, por conseguinte, simula melhor a situação in a vivo [115]. Os hepatócitos isolados e em cultura também são frequentemente utilizados como modelos in vitro para identificar as vias metabólicas dos fármacos. Outra consideração importante é a escolha das concentrações dos fármacos para os estudos in vitro. A principal via metabólica pode ser deslocada, dependendo da concentração de fármaco utilizada [116]. Para identificar quais as isoenzimas do citocromo P-450 responsáveis pela metabolização dos fármacos nos seres humanos, foram desenvolvidas várias abordagens in vitro, incluindo (1) a utilização de inibidores selectivos com microssomas, (2) a demonstração da atividade catalítica em sistemas vectoriais baseados em cDNA, (3) a correlação metabólica de uma atividade com marcadores de enzimas conhecidas, (4) a imunoinibição da atividade catalítica nos microssomas e (5) a atividade catalítica de isoformas enzimáticas purificadas [117]. Cada abordagem tem as suas vantagens e desvantagens e, normalmente, é necessária uma combinação de abordagens para identificar com exatidão qual a isoenzima do citocromo P-450 responsável pela metabolização de um fármaco.

O metabolismo dos fármacos é normalmente muito complexo, envolvendo várias vias e vários sistemas enzimáticos. Em alguns casos, todas as reacções metabólicas de um fármaco são catalisadas por uma única isozima, enquanto que, noutros casos, uma única reação metabólica pode envolver várias isozimas ou diferentes sistemas enzimáticos.

As interações medicamentosas são uma fonte importante de problemas clínicos, por vezes com consequências dramáticas. Os estudos de interação medicamentosa tornaram-se um aspeto importante do processo de desenvolvimento de novos candidatos a medicamentos devido aos potenciais efeitos adversos. Nos últimos anos, foram desenvolvidas várias abordagens in vitro eficazes e o tratamento de dados por computador está a tornar-se amplamente disponível [118]. Todos estes instrumentos permitem-nos iniciar, numa fase precoce do desenvolvimento de novas entidades químicas, estudos em grande escala sobre as interações dos medicamentos com isozimas CYP selectivas, receptores de medicamentos e outras entidades celulares. A normalização e a validação destas abordagens metodológicas melhoram significativamente a qualidade dos dados gerados e a fiabilidade da sua interpretação. A simplicidade e os baixos custos associados à utilização de técnicas in vitro tornaram-nas um método de eleição para investigar as interações fármaco-fármaco.

2.2.2.4. Excreção

Os rins, que excretam substâncias solúveis em água, são os principais órgãos de excreção. O sistema biliar contribui para a excreção na medida em que o fármaco não é reabsorvido pelo trato gastrointestinal. Em geral, a contribuição do intestino, da saliva, do suor, do leite materno e dos pulmões para a excreção é pequena, exceto no caso da exalação de anestésicos voláteis [119]. Os rins são responsáveis pela eliminação de muitos subprodutos endógenos e, através dos mesmos mecanismos, muitos fármacos são eliminados do organismo. Existem três processos principais de eliminação de fármacos no rim: filtração glomerular, secreção tubular e reabsorção tubular. Os princípios da passagem transmembranar regem o manuseamento renal dos fármacos. A filtração de fármacos é um processo passivo difusional. Os fármacos ligados às proteínas plasmáticas permanecem na circulação; apenas os fármacos não ligados estão contidos no filtrado glomerular. A secreção e a reabsorção tubular envolvem processos de transporte passivo e ativo através das membranas. As formas não ionizadas dos fármacos e os seus metabolitos tendem a ser reabsorvidos rapidamente dos fluidos tubulares. A medida em que as mudanças no pH urinário alteram a taxa de eliminação do fármaco depende da contribuição da via renal para a eliminação total, da polaridade da forma não ionizada e do grau de ionização da molécula [120]. A secreção tubular ativa no túbulo proximal é importante para a eliminação de muitos fármacos. A secreção tubular de fármacos é mediada por muitos transportadores activos, que absorvem compostos do interstício renal e os efluem para o lúmen tubular. Os transportadores de aniões orgânicos (OATs) e os transportadores de catiões orgânicos (OCTs) são as duas principais classes de transportadores de captação, mas os OCTNs e os OATPs também podem ser encontrados no rim. Os transportadores de efluxo, como a glicoproteína P e as MRPs, também se encontram no túbulo renal [121]. O transporte ativo no rim pode ser estudado através da preparação de vesículas a partir das membranas da borda em escova ou dos túbulos, utilizando a absorção em linhas celulares derivadas do rim, como as células MDCK e HEK, ou vesículas preparadas a partir destas células; bem como utilizando rim de rato isolado e perfundido. Os estudos in vitro podem ser úteis para prever um potencial mecanismo de depuração ou uma potencial interação fármaco-fármaco e permitir a realização de ensaios clínicos bem concebidos e orientados para responder a estas questões [122]. Alguns medicamentos e os seus metabolitos são extensivamente excretados na bílis. Como são transportados através do epitélio biliar contra um gradiente de concentração, é necessário um transporte secretor ativo. Quando as concentrações plasmáticas dos fármacos são elevadas, o transporte secretor pode aproximar-se de um limite superior (transporte máximo). Os fármacos com um peso molecular > 300 g/mole e com grupos polares e lipofílicos têm maior probabilidade de serem excretados na bílis; as moléculas mais pequenas são geralmente excretadas apenas em quantidades negligenciáveis. A conjugação, particularmente com ácido glucurónico, facilita a excreção biliar. No ciclo entero-hepático, um fármaco segregado na bílis é reabsorvido na circulação a partir do intestino. A excreção biliar elimina substâncias do organismo apenas na medida em que o ciclo entero-hepático é incompleto - quando parte do fármaco segregado não é reabsorvido a partir do intestino [123]. Os estudos concebidos para medir a excreção biliar em ratos e cães devem ter em conta que os compostos precisam primeiro de ser absorvidos ou transferidos do plasma para a célula hepática, quer por difusão passiva quer por um transportador ativo, e depois ser efluxados por um ou vários transportadores no lado canalicular. Medindo o fluxo biliar e a concentração do fármaco no plasma e na bílis, a depuração biliar pode ser calculada através da seguinte equação CLB = (concentração na bílis) x fluxo biliar / concentração no plasma ... (2) [124].

2.2.2.5 Transportadores activos

As proteínas de transporte específicas catalisam o movimento de muitos iões solúveis em água, nutrientes, metabolitos e fármacos através das membranas celulares. Estima-se que existam pelo menos 2000 transportadores no genoma humano, a maioria dos quais ainda não foi clonada, e está a tornar-se claro que os transportadores desempenham um papel significativo nos processos ADME [125]. Relativamente à absorção, surgiu um papel claro para a glicoproteína-P na limitação da permeabilidade através do trato gastrointestinal. Em consequência, uma grande variedade de medicamentos sofre de absorção incompleta, variável e não linear. Do mesmo modo, na barreira hemato-encefálica, uma série de medicamentos tem uma penetração cerebral limitada devido ao efluxo mediado pela glicoproteína-P, o que pode limitar a eficácia terapêutica dos agentes do SNC [120]. No fígado, as proteínas de transporte estão presentes na membrana sinusoidal, que pode ser a etapa limitadora da depuração hepática de alguns fármacos. Estudos mecanicistas sugerem claramente um papel fundamental e uma ampla especificidade de substrato para a família OATP de transportadores sinusoidais. São sobretudo as proteínas de transporte dependentes de ATP, como a glicoproteína-P e a MRP2, que regulam a excreção biliar ativa. Além disso, foram demonstradas interações medicamentosas envolvendo a inibição ou a indução de proteínas de transporte. Foram observadas interações clinicamente significativas no trato gastrointestinal e nos rins com inibidores como o cetoconazol, a eritromicina, o verapamil, a quinidina, a probenecida e a cimetidina. O envolvimento dos transportadores no ser humano não pode atualmente ser previsto com precisão a partir de estudos não clínicos. A previsão baseada em dados de animais pode ser incorrecta porque alguns relatórios indicam que existem diferenças acentuadas entre espécies na distribuição tecidular dos transportadores e na sua especificidade de substrato. Assim, a melhor prática atual inclui a realização de estudos de transporte bidirecional em células Caco-2, utilizando concentrações correspondentes à dosagem clínica dissolvida em 250 ml ou menos (atingindo assim uma concentração semelhante à do trato gastrointestinal após a administração oral em seres humanos) [120].

2.3. Cancro da próstata

A próstata é uma glândula do sistema reprodutor masculino que sintetiza componentes do fluido seminal, incluindo proteases como o antigénio específico da próstata (PSA) [126]. Desenvolve-se a partir do seio urogenital (UGS) [127], que contém uma camada exterior de tecido conjuntivo embrionário denominada mesênquima do seio urogenital (UGM) que expressa o RA [127]. O RA regula a expressão de genes vitais para o desenvolvimento e a função normais da próstata [128]. O RA estromal no UGM regula a morfogénese ductal através de sinalização parácrina para o início do desenvolvimento prostático. Experiências de recombinação de tecidos mostraram que as células estromais da UGM de ratinhos AR positivos combinadas com células epiteliais da bexiga de ratinhos insensíveis aos androgénios (Tfm) produzem estruturas glandulares caraterísticas de uma próstata, mas não produzem o complemento total de proteínas dependentes de androgénios segregadas pela próstata dorsolateral de ratinho [129]. No entanto, a combinação inversa não sofreu desenvolvimento prostático em ratinhos, mesmo na presença de androgénios [129]. Este facto demonstra um papel crucial para o RA mesenquimal no desenvolvimento prostático. O RA estromal funciona como um modulador chave da proliferação, sobrevivência e diferenciação das células epiteliais na próstata em desenvolvimento normal [127]. Na próstata adulta normal, o RA é expresso em todas as células luminais e em alguns tipos de células epiteliais basais e intermédias [130], bem como nas células estromais. As células epiteliais dependem dos factores de crescimento induzidos pelos androgénios, segregados pelas células do estroma. O papel principal do RA epitelial parece ser a produção de proteínas secretadas caraterísticas da próstata. É interessante notar que o RA desempenha um papel estimulador e inibidor do crescimento, funcionando como fator de sobrevivência para as células luminais e como supressor da proliferação das células basais para regular rigorosamente o crescimento normal da próstata [131].

O primeiro caso descrito de cancro da próstata remonta a 1853 e esta doença tornou-se agora um problema de saúde importante devido, em grande parte, ao envelhecimento geral da população [132]. A remoção dos testículos e a castração médica por tratamento com estrogénios foram as primeiras opções de tratamento eficazes. Após a determinação da estrutura da hormona libertadora de gonadotropina hipotalâmica (GnRH) no início dos anos setenta, foram identificadas vias de síntese para o fabrico deste polipéptido [133,134]. Isto abriu o caminho para o desenvolvimento de derivados sintéticos da GnRH com propriedades agonistas que suprimem os níveis circulantes da hormona folículo-estimulante e da hormona luteinizante (LH) através de um mecanismo de feedback negativo, resultando assim na redução dos níveis séricos de testosterona. Os ligandos dos receptores GnRH (principalmente super-agonistas e, mais recentemente, antagonistas) são atualmente utilizados por rotina no tratamento do cancro da próstata não confinado ou metastático. Uma vez que a produção de androgénios pelas glândulas supra-renais não é suprimida pelos ligandos da GnRH, é necessário um tratamento adicional com antagonistas competitivos da AR para conseguir um bloqueio completo dos androgénios [135]. A ablação de androgénios é muito eficaz na maioria dos doentes e bem tolerada [136]. Infelizmente, a resistência ocorre quase invariavelmente após cerca de 18-24 meses, levando ao desenvolvimento de cancro da próstata resistente à castração (CRPC). Esta fase da doença pode ser tratada com quimioterapêuticos citotóxicos, como os taxanos e a mitoxantrona, embora com benefícios limitados [137]. Muito recentemente, foi demonstrado que os doentes CRPC quimiorresistentes beneficiavam do tratamento com acetato de abiraterona, um composto que tem como alvo a 17a-hidroxilase/C $_{,1720}$ liase [138], o que levou à aprovação do medicamento para esta indicação. A pertinência de visar o AR no cancro da próstata precoce e também no cancro da próstata de última idade está documentada em muitos estudos [20]. As experiências de xenoenxertos com linhas celulares isogénicas indicam que o aumento da expressão do RA é paralelo ao desenvolvimento da resistência à castração [139]. Estudos exaustivos da expressão genética de amostras de cancro da próstata revelam que a via do RA é frequentemente alterada e que ocorre uma reativação nos tumores resistentes [140]. A análise pormenorizada de amostras de doentes mostra que a amplificação da região do gene do RA ocorre em cerca de um terço dos casos de CRPC e é frequentemente acompanhada por uma expressão elevada do RA [141]. Foram detectadas mutações do RA, principalmente no LBD, em muitos doentes que desenvolvem resistência ao [142]. Estudos recentes com células tumorais circulantes (CTC) sugerem que a frequência das mutações é mais elevada do que se pensava com base em biópsias tumorais [143]. Muitas destas modificações estão localizadas no LBD e tornam o RA promíscuo no que diz respeito à ativação do ligando [144]. Por exemplo, foram descritas mutações que levam à estimulação do RA por androgénios fracos, como a desidroepiandrosterona, ou por esteróides não androgénicos, como os estrogénios ou os glucocorticóides [19]. Além disso, ocorrem mutações no RA que convertem compostos antagonistas em agonistas, o que explica a melhoria temporária paradoxal por vezes observada em doentes quando a terapêutica antiandrogénica é interrompida [145]. Também foi relacionado um papel das citocinas inflamatórias, como a IL-1a, na conversão de antiandrogénios em agonistas, promovendo a exportação nuclear de corepressores [146]. Além disso, foram medidos níveis elevados de androgénios intratumorais em doentes com CRPC, mostrando que a redução observada no soro de doentes quimicamente castrados não se reflecte necessariamente no tumor [147]. De facto, os androgénios intraprostáticos podem ainda representar 25% da concentração encontrada na próstata normal em doentes com níveis séricos de testosterona castrados. Um mecanismo possível é a regulação positiva local de enzimas envolvidas na via de biossíntese de esteróides, que pode promover a síntese de novo de androgénios ou aumentar a conversão de androgénios supra-renais [148]. Em consonância com isto, foi recentemente evidenciada a conversão intratumoral de precursores de androgénios em linhas celulares de cancro da próstata [149]. Os resultados dos estudos clínicos realizados com o inibidor da liase acetato de abiraterona [138] e a recente aprovação deste composto para o tratamento do CRPC quimiorresistente sublinham a importância da síntese sustentada de esteróides para o crescimento do cancro da próstata. Por último, a interação com as vias de sinalização dos factores de crescimento, principalmente a via PI3K, pode levar à ativação do RA independente do ligando e desempenhar um papel na resistência, especialmente no contexto da supressão do PTEN, que é frequentemente observada no cancro da próstata [150].

2.3.1. Recetor de androgénio

O RA é um membro da superfamília de factores de transcrição dos receptores de esteróides nucleares e está classificado como NR3C4 (subfamília 3 dos receptores nucleares, grupo C, membro 4) [151]. O gene AR está localizado em Xq11-12; assim, os homens têm uma única cópia do gene e as mutações inactivadoras resultam na síndrome de insensibilidade aos androgénios (AIS) [152]. O AR contém oito exões que codificam uma proteína de ~919 aminoácidos (Fig. 1 A) [153]. A variação no comprimento é resultado de uma repetição de poliglutamina de comprimento variável (19 -25 para a maioria dos homens) [154] e uma repetição de poliglicina variável. Ambas as repetições estão no domínio aminoterminal codificado pelo exão 1 e, por conseguinte, a numeração de aminoácidos na literatura pode ser inconsistente. O comprimento de referência de 919 foi utilizado pela base de dados de mutações do gene AR da McGill [155] e baseou-se em 21 glutaminas e num trato de poliglicina de 24. Em 2012, a base de dados mudou para a sequência de referência NCBI NM_000044.2, que tem 23 glutaminas e um trato de poliglicina mais curto (23) para um total de 920 aminoácidos [156]. Por outro lado, a nomenclatura original é utilizada para ser consistente com os artigos citados. As repetições de glutamina mais curtas resultam normalmente em níveis mais elevados de atividade transcricional em vários tipos de células [157]. Existem algumas provas de que existe um risco mais elevado de PCa nos homens que têm AR com repetições CAG mais curtas [154]. Tal como a maioria dos receptores nucleares, o RA é composto por motivos funcionais distintos. Estes incluem o domínio amino-terminal (NTD codificado pelo exão 1), o domínio de ligação ao ADN (DBD codificado pelos exões 2 e 3), uma região de charneira (H codificada pela porção 5' do exão 4) e um domínio de ligação ao ligando (LBD codificado pelo resto do exão 4 até ao exão 8) (Fig. 1A) [153]. Os domínios de transactivação AF-1 e AF-2 necessários para uma transactivação óptima estão localizados no NTD e no LBD, respetivamente [153]. O RA não ligado é inativo e está ligado a chaperonas citoplasmáticas, incluindo a Hsp90 (proteína de choque térmico 90) [158,159]. O principal androgénio circulante é a testosterona, produzida nos testículos. Na próstata, bem como num número limitado de outros tecidos, a testosterona é convertida em dihidrotestosterona (DHT) pelas enzimas 5a-redutase. Embora a testosterona e a DHT se liguem e activem o RA, a DHT tem uma afinidade substancialmente maior para o RA [160] e é o principal androgénio na próstata [158]. A ligação hormonal induz uma alteração conformacional que resulta na dissociação das chaperonas citoplasmáticas e na revelação do sinal de localização nuclear. O AR ligado à hormona dimeriza-se e transloca-se para o núcleo, onde se liga ao ADN e interage com uma série de coreguladores da transcrição para regular a expressão do gene alvo [162]. Foram identificadas mais de 150 proteínas como coreguladores do RA [163]. Estas incluem a família p160 (SRC-1, SRC-2/TIF2, SRC-3/AIB1), p300/CBP, ARA54, ARA55 e ARA70 e muitas outras proteínas [164]. Muitos dos coreguladores são enzimas (histona acetiltransferases, metiltransferases e cinases) que actuam para abrir a estrutura da cromatina e facilitar a transcrição [165]. No mecanismo de ação mais bem caracterizado, um dímero de AR liga-se a uma sequência de ligação ao ADN de consenso e recruta uma série de coreguladores para ativar a transcrição.

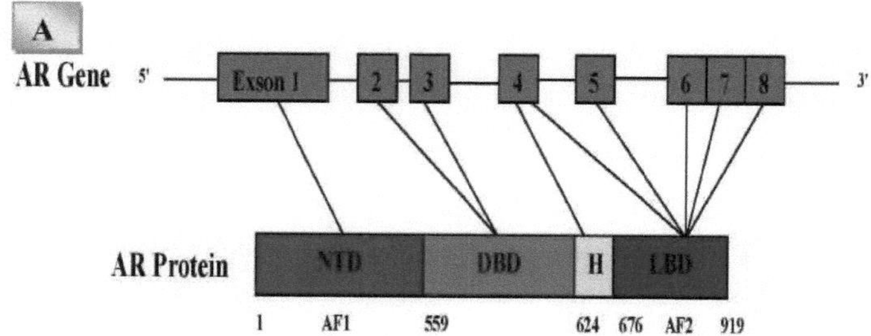

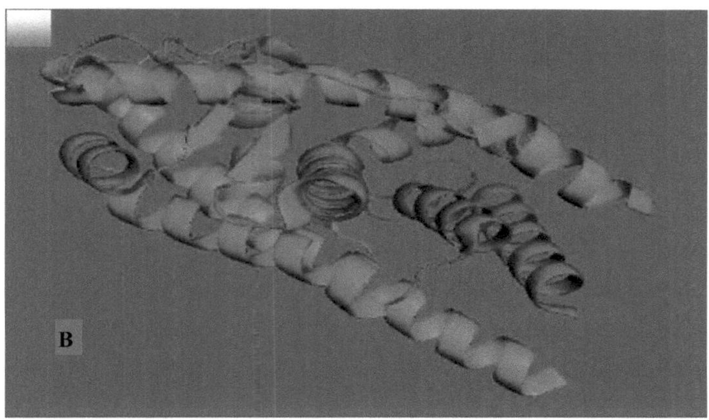

Fig. 1: A estrutura do recetor de androgénio A) Gene e proteína AR B) estrutura cristalina de 2AX6

Pode também regular a transcrição através da interação com outros factores de transcrição sem se ligar diretamente ao ADN. O RA também reprime a transcrição de outros genes alvo através de mecanismos menos bem caracterizados. Após a ligação do ligando, o RA também pode ativar cinases (por exemplo, Src através de interação direta [165] e EGFR através da libertação do ligando EGFR [166]) que podem alterar a transcrição, independentemente de qualquer requisito para que o RA se ligue aos genes alvo. Além disso, o RA e os seus co-reguladores são fosfoproteínas. Em alguns casos, a alteração da sinalização celular leva à ativação do RA em meio depletado de androgénios [168]. Embora os primeiros modelos de regulação dos genes pelos receptores de esteróides partam do princípio de que os locais de ligação se situam na região proximal do promotor, perto do local de início da transcrição, os estudos mais recentes que utilizam a precipitação imune da cromatina (ChIP), seguida de uma análise direta dos locais candidatos, A ligação a matrizes de sequências genómicas em mosaico (ChIP chip) [168] ou a sequenciação paralela massiva (ChIP-Seq) [169] demonstraram que o RA se liga não só aos promotores proximais, mas também a muitos kb a montante, em regiões intrónicas e bem como na UTR 3' dos genes regulados. Em muitos casos, os locais distais podem ser aproximados do promotor através de interações proteína-proteína [170] para regular a transcrição.

2.3.2. Compostos não esteróides no tratamento do cancro da próstata

2.3.2.1. Flutamida

Verificou-se que a flutamida e a bicalutamida bloqueiam a ação da testosterona endógena e exógena e inibem a síntese do ADN prostático estimulado pela testosterona. Após ingestão e absorção oral, a flutamida é rapidamente a-hidroxilada na sua forma ativa primária, a hidroxiflutamida. É excretada sob várias formas na urina, sendo a forma primária o 2-amino-5- nitro-4-(trifluorometil) fenol. A flutamida tem uma duração bastante curta e, por conseguinte, deve ser administrada três vezes por dia. Curiosamente, foi demonstrado que a flutamida também é capaz de inibir a captação nuclear prostática de androgénios [171]. Ao competir pela ligação com a testosterona e a diidrotestosterona ao recetor de androgénio na glândula prostática, a flutamida e a sua forma ativa hidroxiflutamida são capazes de bloquear a via de sinalização celular do recetor de androgénio e, em seguida, inibir o crescimento das células cancerígenas da próstata. Com base neste mesmo princípio, a flutamida pode ser utilizada para tratar os níveis excessivos de androgénios nas mulheres, incluindo as doentes com síndrome dos ovários poliquísticos [172]. Uma vez que a flutamida é o primeiro medicamento antiandrogénio não esteroide, a sua estrutura foi cuidadosamente examinada [173]. Foram descobertos vários factores que parecem estar relacionados com a atividade antiandrogénica [173], utilizando como modelo a hidroxiflutamida, a forma de metabolito ativo da flutamida. Estes são: (1) Um anel aromático deficiente em electrões; (2) Uma conformação fixa que assegura efetivamente que os NH-CO-OH são todos coplanares; (3) Um poderoso grupo dador de ligações de hidrogénio; (4) Existe um delicado equilíbrio elétrico em que uma função da porção de anilina é "transmitir" a densidade de electrões à volta da molécula através deste alinhamento NH-OH.

2.3.2.2. Bicalutamida

A bicalutamida foi desenvolvida para o tratamento do cancro da próstata a partir de uma série de compostos não esteróides relacionados com a flutamida [174,175]. Como composto antiandrogénico seletivo, a bicalutamida liga-se aos receptores de androgénios da próstata do rato, do cão e do homem, e tem uma afinidade aproximadamente 4 vezes maior para o recetor de androgénios do rato do que a hidroxiflutamida, o metabolito ativo da flutamida. A bicalutamida também se liga aos receptores de androgénios encontrados na LNCaP, tumor da próstata humana e na linha celular de tumor mamário do rato Shionogi S115, bem como aos receptores de androgénios transfectados em células CV-1 e HeLa. Em todos os casos, a bicalutamida comporta-se como um antiandrogénio "puro" e inibe a expressão genética e o crescimento celular estimulados pelos androgénios. Estudos in vivo mostram que a bicalutamida é um potente antiandrogénio no rato. Ao contrário da flutamida, que produz aumentos acentuados, relacionados com a dose, da hormona luteinizante (LH) e da testosterona séricas, a bicalutamida tem pouco efeito sobre a LH e a testosterona séricas, ou seja, é perifericamente selectiva. Foi agora demonstrado que a seletividade periférica da bicalutamida se deve a uma fraca penetração através da barreira hemato-encefálica.

2.3.2.3. Nilutamida

A nilutamida é um antiandrogénio não esteroide com afinidade para os receptores de androgénio, mas não para os receptores de progestagénio, estrogénio ou glucocorticóides [176].

Consequentemente, a nilutamida bloqueia a ação dos androgénios de origem adrenal e testicular que estimulam o crescimento do tecido prostático normal e canceroso. A nilutamida tem uma semi-vida longa que permite a administração uma vez por dia. A nilutamida é geralmente administrada em associação com a castração cirúrgica ou química, utilizando agonistas da hormona libertadora de gonadotrofinas. Em doentes castrados, a adição de nilutamida melhora as taxas de resposta objetiva, a dor óssea, os sintomas urinários, os marcadores tumorais e o tempo de progressão da doença [176].

3. Experimentais

3.1. Materiais

Os conjuntos de dados disponíveis de 16 compostos foram obtidos na literatura [38]. Os nomes IUPAC e a estrutura dos derivados da 5,5-dimetiltiohidantoína estão listados nas tabelas 1 e 2. Por outro lado, o substituto que ocorre em todos os compostos pode ser visto nestas tabelas.

3.2. Modelação molecular

Todos os cálculos são efectuados utilizando o programa de visualização molecular Gauss view 5.0 e o pacote de programas Gaussian 09 no computador pessoal [177]. A estrutura molecular dos compostos do título no estado fundamental (no vácuo) foi optimizada utilizando o método semi-empírico AM1. As superfícies orbitais moleculares de fronteira são visualizadas pelo programa de visualização molecular Gauss View [178].

Tabela 1: Denominação IUPAC dos compostos de 1 a 10.

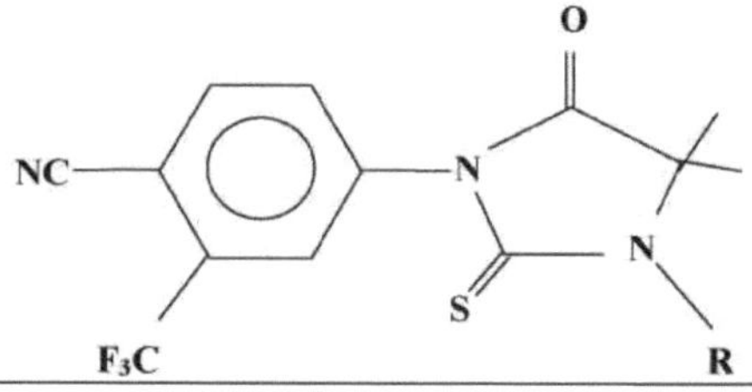

O NC N N S F₃C R

Compound No.	R	IUPAC name
1	$(CH_2)_3CONH_2$	4-[3-(4-Cyano-3-trifluoromethylphenyl)-5,5-dimethyl-4-oxo-2-thioxoimidazolidin-1-yl]butyramide
2	$(CH_2)_3$ NH_2	4-[3-(3-Aminopropyl)-4,4-dimethyl-5-oxo-2-thioxoimidazolidin-1-yl]-2-trifluoromethylbenzonitrile
3	$(CH_2)_3$ NH CO NH_2	3-[3-(4-Cyano-3-trifluoromethylphenyl)-5,5-dimethyl-4-oxo-2-thioxoimidazolidin-1-yl]propylurea
4	$(CH_2)_3$ $NHSO_2NH_2$	N-(3-{3-[4-cyano-3-(trifluoromethyl)phenyl]-5,5-dimethyl-4-oxo-2-sulfanylideneimidazolidin-1-yl}propyl)aminosulfonamide
5	$(CH_2)_3$ SO_3H	3-[3-(4-Cyano-3-trifluoromethylphenyl)-5,5-dimethyl-4-oxo-2-thioxoimidazolidin-1-yl]propane-1-sulfonic acid
6	$(CH_2)_3$ SO_2 NH_2	3-[3-(4-Cyano-3-trifluoromethylphenyl)-5,5-dimethyl-4-oxo-2-thioxoimidazolidin-1-yl]propane-1-sulfonamide

7	$(CH_2)_4\ SO_2NH_2$	4-[3-(4-Cyano-3-trifluoromethylphenyl)-5,5-dimethyl-4-oxo-2-thioxoimidazolidin-1-yl]butane-1-sulfonamide
8	$CH_2)_2\ SO_2NH_2$	2-[3-(4-Cyano-3-trifluoromethylphenyl)-5,5-dimethyl-4-oxo-2-thioxoimidazolidin-1-yl]ethanesulfonamide
9	$CH_2)_2\ SO_2NHMe$	3-[3-(4-Cyano-3-trifluoromethylphenyl)-5,5-dimethyl-4-oxo-2-thioxoimidazolidin-1-yl]propane-1-sulfonic acid methylamide
10	$CH_2)_2\ SO_2NHMe_2$	3-[3-(4-Cyano-3-trifluoromethylphenyl)-5,5-dimethyl-4-oxo-2-thioxoimidazolidin-1-yl]propane-1-sulfonic acid dimethylamide

Tabela 2: Denominação IUPAC dos compostos de 11 a 16

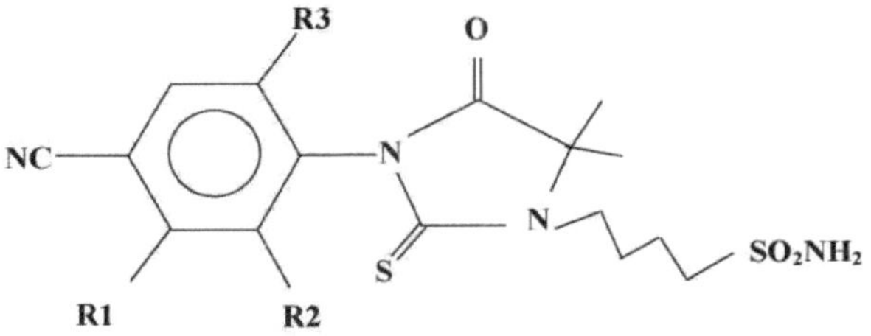

R3 O NC N N SO_2NH_2 S R1 R2

Compound No.	R1, R2 and R3	IUPAC NAME
11	R1=R2=R3=H	3-[3-(4-Cyanophenyl)-5,5-dimethyl-4-oxo-2-thioxoimidazolidin-1-yl]propane-1-sulfonamide
12	R1=Me , R2=R3=H	3-[3-(4-Cyano-3-methylphenyl)-5,5-dimethyl-4-oxo-2-thioxoimidazolidin-1-yl]propane-1-sulfonamide
13	R1=OMe , R2=R3=H	3-[3-(4-Cyano-3-methoxyphenyl)-5,5-dimethyl-4-oxo-2-thioxoimidazolidin-1-yl]propane-1-sulfonamide
14	R1=Cl , R2 = R3 = H	3-[3-(3-Chloro-4-cyanophenyl)-5,5-dimethyl-4-oxo-2-thioxoimidazolidin-1-yl]propane-1-sulfonamide
15	R1 $=CF_3$, R2 =Me , R3 =H	3-[3-(4-Cyano-2-methyl-3-trifluoromethylphenyl)-5,5-dimethyl-4-oxo-2-thioxoimidazolidin-1-yl]propane-1-sulfonamide
16	R1 $=CF_3$, R2 = H , R3 = Me	3-[3-(4-Cyano-2-methyl-5-trifluoromethylphenyl)-5,5-dimethyl-4-oxo-2-thioxoimidazolidin-1-yl]propane-1-sulfonamide

Todos estes cálculos foram efectuados para os estados fundamentais destas moléculas como um único estado. O momento de dipolo (em Debye) das moléculas e o calor de formação (HOF) foram extraídos diretamente do ficheiro de saída do Gaussian09. Os valores de HOMO e LUMO foram retirados do ficheiro de saída do cálculo do Gaussian 09W como coeficientes orbitais moleculares (em a.u.).

3.3. Descritores moleculares

O cálculo dos descritores moleculares, como o coeficiente de partição, a área de superfície topológica e um número de aceitadores e dadores de ligações de hidrogénio, foi efectuado utilizando a ferramenta em linha Mol inspiration [179]. Utilizando estes parâmetros, os compostos foram verificados quanto à sua conformidade com a regra dos cinco de Lipinski [180]. A pontuação de semelhança com os fármacos foi calculada utilizando o sítio Web molsoft [181]. As pontuações de semelhança com os fármacos foram analisadas por comparação com os relatórios anteriores [182]. As previsões da pontuação da bioatividade também foram efectuadas utilizando a ferramenta em linha Mol inspiration. A avaliação do risco de toxicidade, a previsão do cLogP, a previsão da solubilidade, os pesos moleculares, a previsão da simpatia pelo medicamento e a pontuação global da simpatia pelo medicamento foram calculados utilizando o software Osiris disponível em linha.

3.4. Simulação de dinâmica molecular

No presente estudo, são utilizadas ferramentas de bioinformática, bases de dados biológicas como o PDB (Protein Data Bank) e software como o Hex [183]. O Protein Data Bank (PDB) é o único arquivo mundial de dados estruturais de macromoléculas biológicas, estabelecido nos Laboratórios Nacionais de Brookhaven [184]. Contém informações estruturais das macromoléculas determinadas por métodos de cristalografia de raios X e RMN. A estrutura do recetor de androgénio (fig. 1B), que é um alvo essencial para o fármaco hidroxiflutamida, foi recuperada do PDB (2AX6). Por outro lado, as regiões mais favorecidas da estrutura alvo foram avaliadas através da análise do gráfico de Ramchandran via PROCHECK[185]do servidor SAVES (http://services.mbi.ucla.edu/SAVES/) para investigar a qualidade da estrutura alvo.

3.4.1. Previsão da atividade

A previsão da atividade de todas as moléculas foi realizada pelo servidor PASS e comparada com a hidroxiflutamida. O PASS Online prevê mais de 3500 tipos de atividade biológica, incluindo efeitos farmacológicos, mecanismos de ação, efeitos tóxicos e adversos, interação com enzimas metabólicas e transportadores, influência na expressão genética, etc. A previsão baseia-se na análise das relações estrutura-atividade de mais de 250 000 substâncias biologicamente activas, incluindo fármacos, candidatos a fármacos, substâncias precursoras e compostos tóxicos. A fórmula estrutural é apenas necessária para obter o perfil de atividade biológica previsto para qualquer composto.

3.4.2. Acoplamento HEX

O Hex é um programa interativo de gráficos moleculares para calcular e apresentar modos de acoplamento viáveis de pares de moléculas de proteínas e de ADN. O Hex também pode calcular a ligação proteína-ligante, assumindo que o ligante é rígido, e pode sobrepor pares de moléculas utilizando apenas o conhecimento das suas formas 3D [186]. Utiliza correlações esféricas polares de Fourier (SPF) para acelerar os cálculos e é um dos poucos programas de acoplamento que foram incorporados em gráficos para visualizar o resultado [187].

A análise de acoplamento da hidroxiflutamida com o recetor de androgénios foi realizada com o software de acoplamento HEX. O docking permite ao cientista analisar virtualmente uma base de dados de compostos e prever os ligantes mais fortes com base em várias funções de pontuação. Explora a forma como duas moléculas, como os fármacos e uma enzima, o recetor de estrogénio humano, se encaixam e se ligam bem umas às outras, como peças de um puzzle tridimensional. As moléculas que se ligam a um recetor inibem a sua função, actuando assim como um fármaco. Os parâmetros utilizados no processo de acoplamento foram: - Tipo de correlação - Apenas forma - Modo FFT - 3D fast lite

- Dimensão da grelha - 0,6
- Gama de receptores - 180
- Gama de ligandos - 180
- Gama de torção - 360
- Alcance da distância - 40

Todas as moléculas de água e ligandos foram removidos das proteínas para estudos de acoplamento. Os derivados da hidroxiflutamida e da 5,5-dimetiltio-hidantoína foram acoplados ao recetor utilizando os parâmetros acima referidos. A visualização da pose acoplada foi efectuada utilizando um programa de gráficos moleculares PyMol [188].

3.4.3. LigPlot+ v.1.4.5

As representações bidimensionais da melhor pose de acoplamento para os derivados selecionados da 5,5-dimetiltiohidantoína no interior da enzima alvo foram geradas utilizando o LigPlot+ [189]. Trata-se de um programa de computador que gera a imagem 2-D esquemática dos complexos proteína-ligando acoplados. A estrutura 3-D do complexo acoplado é introduzida como ficheiro PDB e o software produz os seus resíduos e ligações de interação. No presente estudo, o LigPlot+ foi utilizado para identificar os resíduos de interação, bem como as ligações de interação entre o 2AX6 e os inibidores acoplados.

3.4.4. Atlas computorizado da topografia de superfície das proteínas

Os locais de ligação e os locais activos das proteínas e dos ADNs estão frequentemente associados a bolsas e cavidades estruturais. O servidor CASTp utiliza a triangulação ponderada de Delaunay e o complexo alfa para medições de formas. Permite identificar e medir as bolsas acessíveis à superfície, bem como as cavidades interiores inacessíveis, para proteínas e outras moléculas. Mede analiticamente a área e o volume de cada bolsa e cavidade, tanto na superfície acessível ao solvente (SA, superfície de Richards) como na superfície molecular (MS, superfície de Connolly). Também mede o número de aberturas da boca, a área das aberturas e a circunferência da boca, lábios, nas superfícies SA e MS para cada bolsa [190].

3.4.5. Previsão das propriedades ADMET

As propriedades ADMET (Absorção, Distribuição, Metabolismo, Excreção e Toxicidade) dos compostos-alvo foram calculadas utilizando algumas aplicações baseadas na Web. A penetração da BBB (barreira hemato-encefálica), a HIA (absorção intestinal humana), a permeabilidade das células Caco-2 e o teste de Ames foram calculados utilizando o admetSAR [191].

4. Resultados e discussões

4.1. Modelação molecular

As orbitais moleculares de fronteira para todos os compostos foram apresentadas na fig. 2(a-d). As orbitais moleculares mostram a localização dos possíveis locais responsáveis pela transferência de electrões entre as moléculas e o seu alvo biológico. Assim, podemos descobrir como as moléculas reagem e onde estão os sítios activos na reação. Para as moléculas **1-10**, o HOMO está deslocalizado no sistema tiohidantoína e em parte do anel benzénico, enquanto no LUMO, a densidade eletrónica está predominantemente localizada no anel benzénico, no grupo C=N, no sistema tiohidantoína, exceto no átomo de N que está ligado ao anel benzénico e no grupo C=O. Por outro lado, no caso das moléculas **11** e **12**, o HOMO está deslocalizado no sistema tiohidantoína e em parte do anel benzénico, enquanto no LUMO, a densidade eletrónica está predominantemente localizada no anel benzénico, no grupo C=N, no sistema tiohidantoína e no sistema CH2-SO2-NH2. No entanto, no caso da molécula **13**, os HOMO estão deslocalizados no sistema tiohidantoína, no anel benzénico e no átomo O ligado ao anel fenilo, enquanto que no LUMO, a densidade eletrónica está predominantemente localizada no anel benzénico, no grupo C=N, no sistema tiohidantoína e no sistema CH2-SO2-NH2. No caso da molécula **14**, os HOMO estão deslocalizados no sistema tiohidantoína, no átomo de Cl e em parte do anel benzénico, enquanto que no LUMO, a densidade eletrónica está predominantemente localizada no anel benzénico, no grupo C=N, no sistema tiohidantoína, no átomo de Cl e no sistema SO2. No entanto, o HOMO da molécula **15** está deslocalizado no sistema tiohidantoína, enquanto que no LUMO, a densidade eletrónica está predominantemente localizada no anel benzénico, no grupo C=N e no sistema tiohidantoína. No entanto, o HOMO da molécula **16** está deslocalizado no sistema tiohidantoína, enquanto que no LUMO, a densidade eletrónica está predominantemente localizada no anel benzénico, no grupo C=N e em parte do sistema tiohidantoína. As energias das orbitais de fronteira (EHOMO e ELUMO) obtidas com o método semi-empírico AM1 são apresentadas na tabela 3. A partir destes resultados, podemos considerar os compostos com valores maiores de EHOMO como sendo mais dadores de electrões e os compostos com valores menores de ELUMO como sendo mais aceitadores de electrões. A partir da tabela 3, verifica-se que os valores calculados de EHOMO e ELUMO apresentam diferenças significativas: os valores de EHOMO variam de -0,32712au a - 0,34521au e os valores de ELUMO variam de -0,04819au a - 0,02938au. HOMO-LUMO refere-se à diferença energética entre o HOMO e o LUMO. Esta diferença energética pode ser utilizada como um indicador da reatividade química, em que uma diferença de energia baixa está relacionada com uma reatividade química elevada e vice-versa. Considerando a dureza química, um grande intervalo HOMO-LUMO significa uma molécula dura e um pequeno intervalo HOMO-LUMO significa uma molécula mole. Também se pode relacionar a estabilidade da molécula com a dureza, o que significa que a molécula com menor diferença HOMO-LUMO significa que é mais reactiva. O intervalo de energia LUMO-HOMO relativamente baixo das moléculas estudadas indica que estas seriam cineticamente estáveis. De acordo com o cálculo AM1, a energia do calor de formação (HF) das moléculas estudadas tem um sinal negativo (tabela 3), e elas são exotérmicas. No entanto, a natureza exotérmica do HF torna as moléculas estudadas termodinamicamente estáveis [192].

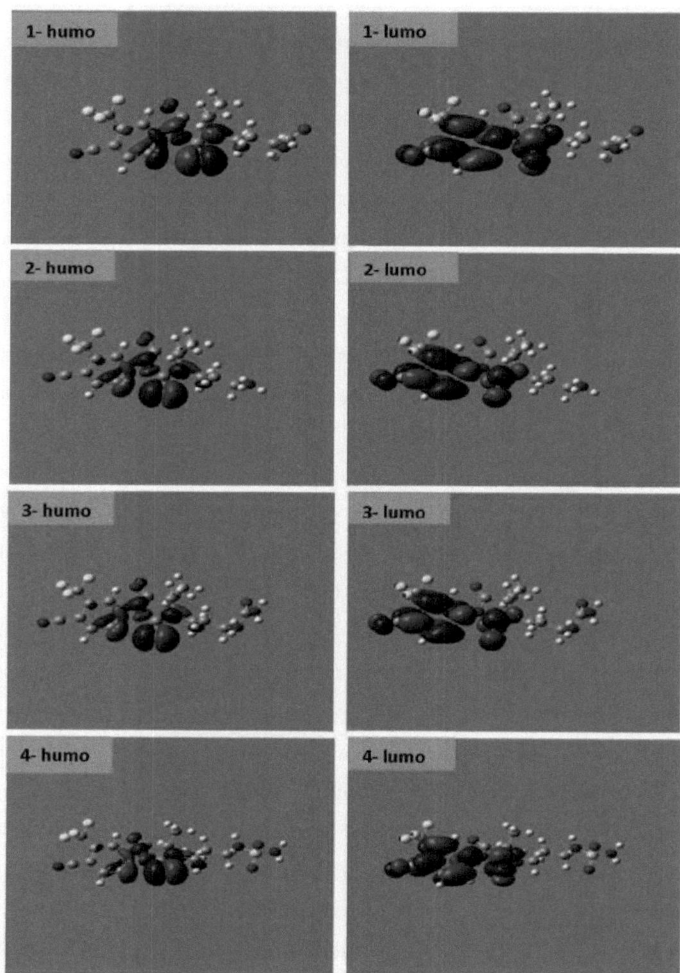

Fig. 2(a): O gráfico 3D do HOMO e do LUMO de 1-4 moléculas.

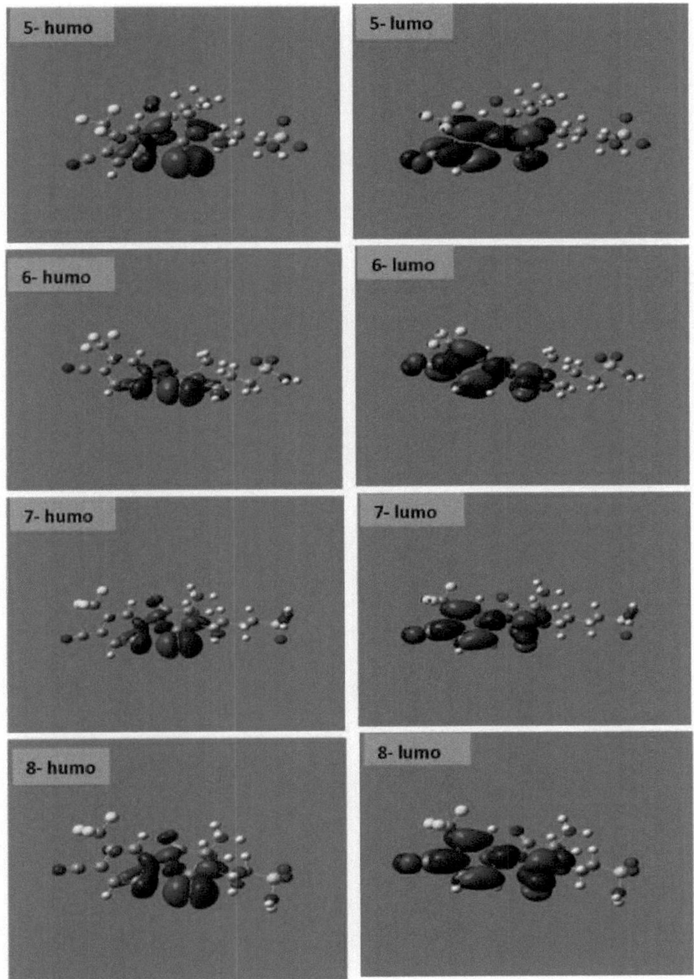

Fig. 2(b): O gráfico 3D do HOMO e do LUMO das moléculas 5- 8.

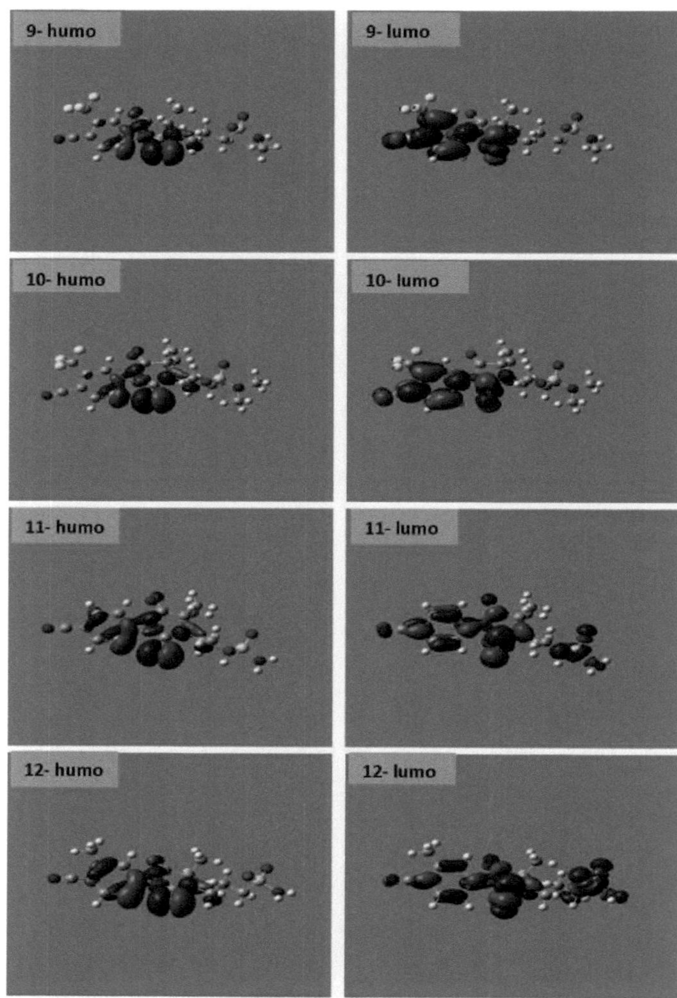

Fig. 2(c): O gráfico 3D do HOMO e do LUMO das moléculas 9-12.

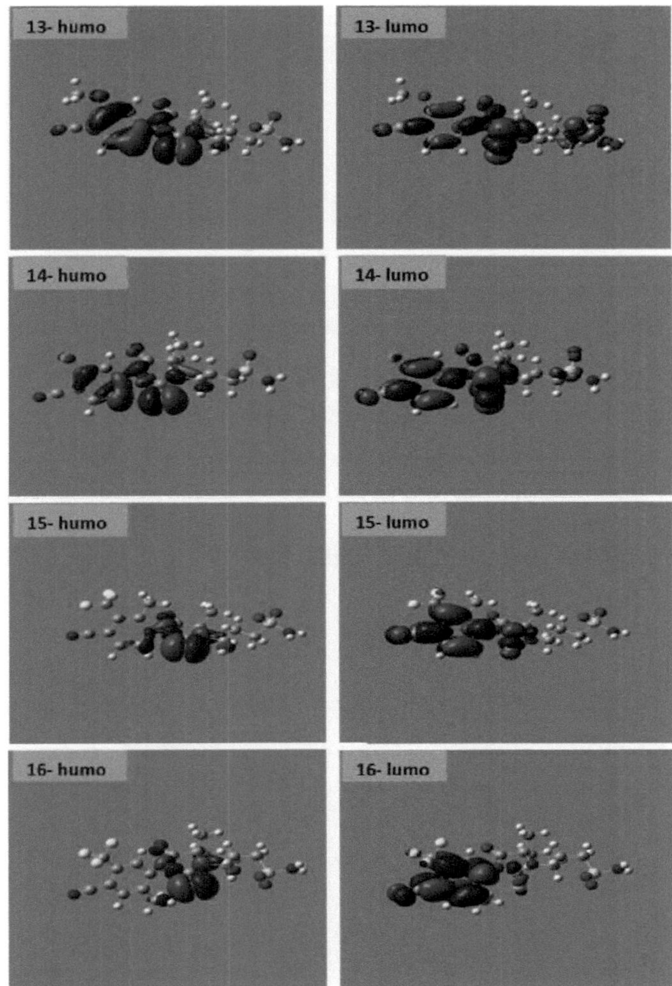

Fig. 2(d): O gráfico 3D do HOMO e do LUMO das moléculas 13-16.

No âmbito da teoria do funcional da densidade (DFT), os descritores globais da reatividade química correspondem às respostas globais dos sistemas a perturbações globais (por exemplo, alterações no número de electrões N), enquanto o potencial externo permanece constante. Entre estes tipos de índices, o potencial químico (μ), a dureza química (η) e a suavidade (s) podem ser utilizados como ferramentas complementares na descrição dos aspectos termodinâmicos da reatividade química.

$$\mu = \frac{1}{2}\left(\frac{\partial E}{\partial N}\right)_{v(\vec{r})} \quad \ldots\ldots\ldots\ldots\ldots\ldots\ldots(3)$$

$$\eta = \frac{1}{2}\left(\frac{\partial^2 E}{\partial N^2}\right)_{v(\vec{r})} \quad \ldots\ldots\ldots\ldots\ldots\ldots\ldots(4)$$

A partir da equação (3), as derivadas parciais de primeira ordem da energia total (E) em função do número de electrões (N) a um potencial externo constante, $V(\vec{r})$, definem o potencial químico (μ). Por outro lado, de acordo com a equação (2), as segundas derivadas parciais da energia total (E) em relação ao número de electrões (N) a um potencial externo constante, $V(\vec{r})$, definem a dureza global (η) do sistema [193].

Tabela 3: Energias e calor de formação dos orbitais de fronteira

N.º do composto	Lumo	Homo	Lumo - Homo	Dureza	Hf kcal/mol
1	-0.04604	-0.34227	0.29623	0.148115	-134.037
2	-0.04247	-0.33717	0.29470	0.147350	-90.6825
3	-0.04198	-0.33679	0.29481	0.147405	-125.751
4	-0.04377	-0.33874	0.29497	0.147485	-163.745
5	-0.04559	-0.34209	0.29650	0.148250	-208.489
6	-0.04221	-0.33773	0.29552	0.147760	-159.117
7	-0.04333	-0.33785	0.29452	0.147260	-166.572
8	-0.04819	-0.34521	0.29702	0.148510	-153.122
9	-0.04217	-0.33766	0.29549	0.147745	-155.617
10	-0.04205	-0.33745	0.29540	0.147700	-150.352
11	-0.03027	-0.32958	0.29931	0.149655	-8.83272
12	-0.02941	-0.32823	0.29882	0.149410	-15.6560
13	-0.02938	-0.32712	0.29774	0.148870	-42.8924
14	-0.03430	-0.33500	0.30070	0.150350	-13.4327
15	-0.04058	-0.33698	0.29640	0.148200	-160.789
16	-0.04315	-0.34082	0.29767	0.148835	-167.172

Os esquemas operacionais para o cálculo da dureza química baseiam-se num método de diferenças finitas e, por conseguinte,

$$\mu \approx -\frac{1}{2}(I.P + E.A) \quad .... (5)$$

$$\eta \approx \frac{1}{2}(I.P + E.A) \quad .... (6)$$

Onde, I.P = Potencial de Ionização e E.A = Afinidade Eletrónica. Utilizando o teorema de Koopmans em termos das energias das orbitais moleculares mais elevadas ocupadas (EHOMO) e das orbitais moleculares mais baixas desocupadas (ELUMO), de acordo com as equações (7) e (8), como se segue

$$I.P \approx -EHOMO \quad .... (7)$$

$$E.A \approx -ELUMO \quad .... (8)$$

Assim, as equações 5 e 6 podem ser expressas da seguinte forma.

$$\mu \approx \frac{1}{2}(EHOMO + ELUMO) \quad .... (9)$$

$$\eta \approx \frac{1}{2}(ELUMO - EHOMO) \quad .... (10)$$

A afinidade eletrónica refere-se à capacidade do ligando para aceitar precisamente um eletrão de um dador. No entanto, em muitos tipos de ligação, nomeadamente a ligação covalente de hidrogénio, ocorre uma transferência parcial de carga. A suavidade (S) é uma propriedade do composto que mede o grau de reatividade química. É a recíproca da dureza.

$$S = \frac{1}{2\eta} \quad .... (11)$$

Recentemente, Parr et al. [194] definiram uma nova quantidade descritora do poder electrofílico global como um índice de electrofilicidade (w) do composto, que define uma classificação quantitativa da natureza electrofílica global de um composto. Parr et al. propuseram o índice de electrofilicidade (w) como uma medida da redução de energia devido ao fluxo máximo de electrões entre o dador e o aceitador. Definiram o índice de electrofilicidade (w) do seguinte modo

$$\omega = \frac{\mu^2}{2\eta} \text{.........} (12)$$

Este índice mede a estabilização da energia quando o sistema adquire uma carga eletrónica adicional do ambiente. A electrofilicidade engloba tanto a capacidade de um eletrófilo adquirir uma carga eletrónica adicional como a resistência do sistema a trocar cargas electrónicas com o ambiente. Contém informações sobre a transferência de electrões (potencial químico) e a estabilidade (dureza) e é um melhor descritor da reatividade química global. Por outro lado, a afinidade eletrónica (EA), o potencial de ionização (IP), a suavidade molecular, o índice electrofílico e a eletronegatividade (X) foram derivados destes resultados de HOMO e LUMO, de acordo com a tabela 4. Verifica-se que o potencial químico do composto do título é negativo, o que significa que o composto é estável. Não se decompõem espontaneamente nos elementos de que são constituídos. A dureza significa a resistência à deformação da nuvem de electrões dos sistemas químicos sob pequenas perturbações encontradas durante o processo químico.

Tabela 4: Afinidade eletrónica, potencial de ionização, suavidade molecular, índice electrofílico e eletronegatividade dos compostos do título.

N.º do composto	Eletrão afinidade (EA)	Potencial de ionização (IP)	Suavidade molecular	Índice electrofílico	Eletronegatividade X
1	0.04604	0.34227	6.751510651	0.127253026	-0.1941550
2	0.04247	0.33717	6.786562606	0.122265465	-0.1898200
3	0.04198	0.33679	6.784030392	0.121660318	-0.1893850
4	0.04377	0.33874	6.780350544	0.124007442	-0.1912550
5	0.04559	0.34209	6.745362563	0.126724943	-0.1938400
6	0.04221	0.33773	6.767731456	0.122118980	-0.1899700
7	0.04333	0.33785	6.790710308	0.123334742	-0.1905900
8	0.04819	0.34521	6.733553296	0.130263585	-0.1967000
9	0.04217	0.33766	6.768418559	0.122060669	-0.1899150
10	0.04205	0.33745	6.770480704	0.121885790	-0.1897500
11	0.03027	0.32958	6.682035348	0.108158784	-0.1799250
12	0.02941	0.32823	6.692992437	0.107009546	-0.1788200
13	0.02938	0.32712	6.717270101	0.106714121	-0.1782500
14	0.03430	0.33500	6.651147323	0.113387504	-0.1846500
15	0.04058	0.33698	6.747638327	0.120235791	-0.1887800

16	0.04373	0.33855	6.783915337	0.123926718	-0.1911425

4.2. Cálculos de molinspiração

Um estudo computacional para a previsão das propriedades ADME de todas as moléculas é apresentado na tabela 5. O número de ligações rotativas e a regra dos cinco de Lipinski também foram calculados [195]. A regra estabelece que a maioria das moléculas com boa permeabilidade da membrana tem logP $\leq$ 5, peso molecular $\leq$ 500, um número de aceitadores de ligações de hidrogénio $\leq$ 10 e um número de dadores de ligações de hidrogénio $\leq$ 5. Esta regra é amplamente utilizada como um filtro para propriedades semelhantes às dos medicamentos. Além disso, nenhum dos compostos violou os parâmetros de Lipinski, o que os torna agentes potencialmente promissores para actividades biológicas. Por outro lado, o número de ligações rotativas é importante para as alterações conformacionais das moléculas em estudo e, em última análise, para a ligação a receptores ou canais. Foi revelado que, para passar os critérios de biodisponibilidade oral, o número de ligações rotativas deve ser <10 [196]. Os compostos desta série, em geral, possuem um elevado número de ligações rotativas (5-7) e, por conseguinte, exibem flexibilidade conformacional. A Área de Superfície Polar Topológica (TPSA) é calculada com base na metodologia publicada por Ertl et al. como uma soma de contribuições baseadas em fragmentos [112,197] em que os fragmentos polares centrados em O- e N- devem ser considerados e calculados por áreas de superfície ocupadas por átomos de oxigénio e azoto e por átomos de hidrogénio a eles ligados. A TPSA demonstrou ser um excelente descritor que caracteriza a absorção de fármacos, incluindo a absorção intestinal, a biodisponibilidade, a permeabilidade Caco-2 e a penetração na barreira hemato-encefálica. Assim, o TPSA está intimamente relacionado com o potencial de ligação de hidrogénio de um composto [198]. Verificou-se que as moléculas passivamente absorvidas com um TPSA superior a 140 A são consideradas como tendo uma baixa disponibilidade oral [199]. No que diz respeito à TPSA, todos os compostos se encontravam dentro do limite, ou seja, 140 A, o que implica que as moléculas estão a cumprir os requisitos ideais para a absorção do fármaco. A TPSA foi utilizada para calcular a percentagem de absorção (% ABS) de acordo com a equação:

% ABS = 109 - (0,345 x TPSA) .... (13) como relatado [200].

A partir de todos estes parâmetros, pode observar-se que todos os compostos do título apresentaram uma %ABS moderada, variando entre 67,76 e 83,69%.

Tabela 5: Previsão dos descritores das propriedades moleculares dos compostos do título.

Composto n.	Logp	TPSA A^2	(% ABS)	MW	HBA	HBD	N vio	Nrotb	Volume A^3
	<5	-	-	<500	<10	<5	<1	-	-
1	2.319	90.4330	77.80062	398.410	6	2	0	6	324.075
2	2.121	73.3620	83.69011	370.400	5	2	0	5	305.091
3	2.378	102.460	73.65130	413.425	7	3	0	6	336.477
4	1.862	119.531	67.76181	449.480	8	3	0	7	348.925
5	0.400	101.709	73.91040	435.449	7	1	0	6	333.252
6	2.102	107.504	71.91112	434.465	7	2	0	6	336.523
7	0.671	101.709	73.91040	449.476	7	1	0	7	350.054
8	1.832	107.504	71.91112	420.438	7	2	0	5	319.721
9	2.477	93.5080	76.73974	448.492	7	1	0	7	354.197
10	2.722	84.7190	79.77195	462.519	7	0	0	7	371.140
11	1.279	107.504	71.91112	366.468	7	2	0	5	305.225
12	1.656	107.504	71.91112	380.495	7	2	0	5	321.786
13	1.264	116.738	68.72539	396.494	8	2	0	6	330.771
14	1.885	107.504	71.91112	400.913	7	2	0	5	318.761
15	2.479	107.504	71.91112	448.492	7	2	0	6	353.083
16	2.479	107.504	71.91112	448.492	7	2	0	6	353.083
HOF	2.076	95.1500	76.17325	292.213	6	2	0	4	227.700

LogP, logaritmo do coeficiente de partição do composto entre o n-octanol e a água; TPSA, área de superfície polar topológica; % ABS, percentagem de absorção; MW, peso molecular HBA, número de aceitadores de ligações de hidrogénio; HBD, número de dadores de ligações de hidrogénio;
Nrotb, número de ligações rotativas; Nvio, número de violações.

4.3. Cálculo das pontuações de bioatividade

A atividade de todos os compostos de ensaio e do fármaco padrão (Flutamida) foi rigorosamente analisada segundo quatro critérios de atividade de fármacos bem sucedidos conhecidos nas áreas do ligando GPCR, modulador do canal iónico, inibidor da quinase e ligando o recetor nuclear. Para moléculas orgânicas médias, a probabilidade é que, se a pontuação de bioatividade for superior a 0, então é ativa se- 0,5 a 0, então é moderadamente ativa [201]. De acordo com a tabela 6, verifica-se facilmente que se espera que todos os compostos tenham uma atividade quase semelhante à dos medicamentos padrão utilizados com base nestes quatro critérios rigorosos (ligando GPCR, modulador do canal iónico, inibidor da quinase e ligando o recetor nuclear).

Tabela 6: Previsão da bioatividade por Molinspiration dos compostos do título.

Comp.	GPCR	ICM	KI	NRL	PI	EI
1	0.00	-0.12	-0.11	0.51	0.02	-0.04
2	0.09	0.01	-0.04	0.50	0.06	0.02
3	0.00	-0.16	-0.12	0.29	-0.01	-0.05
4	0.09	-0.26	-0.11	0.51	0.17	0.21
5	-0.01	-0.11	-0.26	0.49	0.07	0.07
6	0.03	-0.12	-0.25	0.57	0.13	0.02
7	-0.01	-0.13	-0.27	0.50	0.08	0.11
8	-0.05	-0.23	-0.20	0.49	0.09	0.02
9	0.03	-0.17	-0.24	0.49	0.00	-0.12
10	0.03	-0.15	-0.29	0.40	0.06	-0.08
11	0.02	-0.22	-0.30	0.46	0.13	0.06
12	-0.05	-0.31	-0.38	0.46	0.07	-0.03
13	-0.01	-0.36	-0.31	0.39	0.01	0.02
14	-0.05	-0.31	-0.34	0.48	0.04	0.04
15	0.05	-0.23	-0.35	0.46	0.04	-0.06
16	0.01	-0.16	-0.27	0.54	0.08	-0.01
HOF	-0.36	-0.04	-0.25	0.10	-0.28	-0.30

GPCR = ligando GPCR, ICM = modulador do canal iónico, KI = inibidor da quinase, NRL = ligando do recetor nuclear, PI = inibidor da protease e EI = inibidor da enzima. HOF= Hidroxiflutamida

4.4. Cálculos de Osiris

Os riscos de toxicidade (mutagenicidade, tumorigenicidade, irritação, reprodução) foram calculados pela metodologia desenvolvida pela Osiris. O preditor de riscos de toxicidade localiza fragmentos dentro de uma molécula, o que indica um risco potencial de toxicidade. Os alertas de risco de toxicidade são uma indicação de que a estrutura desenhada pode ser nociva relativamente à categoria de risco especificada. A partir dos dados avaliados no quadro 7, é óbvio que todas as moléculas são supostamente não mutagénicas, não irritantes e sem efeitos reprodutivos quando submetidas ao sistema de avaliação da mutagenicidade em comparação com o medicamento padrão.

Quadro 7: Previsão dos riscos de toxicidade dos compostos do título pelo programa Osiris.

Compound no.	MUT	TUM	IRRIT	RE
1				
2				
3				
4				
5				

6	■	■	■	■
7	■	■	■	■
8	■	■	■	■
9	■	■	■	■
10	■	■	■	■
11	■	■	■	■
12	■	■	■	■
13	■	■	■	■
14	■	■	■	■
15	■	■	■	■
16	■	■	■	■
HOF	■	■	■	■

MUT: mutagénico; TUM: tumorigénico; IRRIT: irritante; RE: eficaz na reprodução.

4.5. A solubilidade aquosa

A solubilidade aquosa (S) de um composto afecta significativamente as suas caraterísticas de absorção e distribuição. Normalmente, uma solubilidade baixa é acompanhada de uma má absorção, pelo que o objetivo geral é evitar compostos pouco solúveis. O nosso valor logS estimado é um logaritmo despojado de unidades (base 10) da solubilidade de um composto medida em mol/litro. Mais de 80% dos fármacos no mercado têm um valor logS (estimado) superior a - 4. No caso dos compostos de título, os valores de logS rondam- 4. Além disso, o quadro 8 mostra a semelhança com o fármaco (DL) dos compostos com título que estão na zona comparável com a do fármaco padrão utilizado para comparação. Calculámos a pontuação global do fármaco (DS) para os compostos 1-16 e comparámo-la com a da hidroxiflutamida padrão. A pontuação do fármaco combina a semelhança com o fármaco, o mi LogP, o logS, o peso molecular e os riscos de toxicidade num valor prático que pode ser utilizado para avaliar o potencial global do composto para se qualificar para um fármaco. Este valor é calculado através da multiplicação das contribuições das propriedades individuais de acordo com a seguinte equação.

$$DS = \Pi(1/2 + 1/2\, Si)\, \Pi\, ti \qquad \text{................(14)}$$

Onde;

$$S = 1/1 + e^{ap+b} \qquad \text{..............(15)}$$

DS é a pontuação do fármaco. Si é a contribuição calculada diretamente a partir de mi LogP; logS, peso molecular e semelhança com o medicamento (pi) através da segunda equação, que descreve uma curva spline. Os parâmetros a e b são (1, -5), (1, 5), (0,012, - 6) e (1, 0) para mi LogP, logS, peso molecular e semelhança com o fármaco, respetivamente. O ti é a contribuição dos quatro tipos de risco de toxicidade e os valores são 1,0, 0,8 e 0,6 para nenhum risco, risco médio e risco elevado, respetivamente. Neste trabalho, todos os compostos apresentaram uma pontuação moderada a boa em comparação com o medicamento padrão utilizado.

Tabela 8: Previsão da biodisponibilidade e da pontuação do fármaco pelo Osiris dos compostos do título.

Comp.	S	DL	DS
1	-4.39	-8.360	0.35
2	-4.14	-9.530	0.38
3	-4.60	-6.810	0.34
4	-4.60	-6.540	0.32
5	-3.80	-16.98	0.37
6	-5.09	-9.990	0.30
7	-4.07	-16.39	0.35
8	-4.82	-10.00	0.33
9	-4.74	-10.02	0.31
10	-4.33	-9.790	0.32
11	-4.31	-4.530	0.38
12	-4.65	-4.950	0.21
13	-4.33	-5.150	0.37
14	-5.05	-2.970	0.27
15	-5.43	-9.330	0.28
16	-5.43	-9.330	0.28
HOF	-3.18	-13.19	0.35

S: Solubilidade, DL: Semelhança com o fármaco, DS: Pontuação do fármaco.

4.6. Análise do gráfico de Ramachandran

A análise do gráfico de Ramachandran para o APO do recetor de androgénios (2AX6) revelou que o 2AX6 é uma excelente escolha, de boa qualidade, para ser utilizado como alvo de estudos de acoplamento com os compostos do título. A percentagem de resíduos nas regiões mais favoráveis foi de 94,1% no 2AX6 (acima do limite de 75%) e a percentagem de resíduos em regiões adicionais permitidas foi de 5,9% no 2AX6. Este resultado sugere que a estrutura da enzima alvo era de boa qualidade.

4.7. Previsão da atividade

PASS (Prediction of Activity Spectra) [201] é uma ferramenta em linha que prevê quase 900 tipos de actividades com base na estrutura de um composto. A previsão da atividade de todos os compostos do título foi realizada pelo servidor PASS e comparada com a hidroxiflutamida. Como se pode ver na tabela 9, os ligandos concebidos, bem como a hidroxiflutamida, quando examinados no servidor como um formato de sorriso, apresentam propriedades significativas como "Antagonista de androgénios e tratamento do cancro da próstata", o que prevê que os ligandos concebidos serão provavelmente eficazes no tratamento do cancro da próstata, tal como a hidroxiflutamida. Com base nisto, decidimos avaliar a atividade anticancerígena in silico dos compostos do título contra a enzima do recetor de androgénio humano (2AX6).

Tabela 9: Previsão da atividade dos derivados da 5,5-dimetiltiohidantoína e da hidroxiflutamida com o servidor PASS.

COMP.	Antagonista dos androgénios		Tratamento do cancro da próstata	
	Pa	pi	Pa	pi
1	0.730	0.003	0.738	0.004
2	0.654	0.004	0.765	0.004
3	0.558	0.004	0.740	0.004
4	0.802	0.003	0.711	0.005
5	0.500	0.005	0.623	0.005
6	0.995	0.002	0.706	0.004
7	0.991	0.002	0.697	0.004
8	0.995	0.002	0.714	0.004
9	0.957	0.002	0.638	0.005
10	0.987	0.002	0.655	0.005
11	0.787	0.003	0.693	0.007
12	0.892	0.002	0.652	0.005
13	0.731	0.003	0.584	0.005
14	0.865	0.003	0.627	0.005
15	0.981	0.002	0.669	0.004
16	0.978	0.002	0.684	0.004

HOF	0.403	0.006	0.368	0.027

Pa= Probabilidade de Ativo, Pi= Probabilidade de Inativo, Pa>Pi confirma atividade significativa

4.8. Acoplamento hexagonal

Os resultados da ligação entre o recetor de androgénios 2AX6 e os derivados da 5,5-dimetiltiohidantoína são apresentados na tabela 10. O estudo de acoplamento molecular dos compostos do título com o recetor de androgénios humano mostra que todos os compostos do título apresentam uma melhor pontuação de acoplamento do que a da hidroxiflutamida, o que indica que os compostos do título têm uma melhor afinidade de ligação ao recetor de androgénios do que a hidroxiflutamida. Entre todos os compostos concebidos, o composto 8 apresenta a melhor pontuação de ligação (fig. 3). Esta previsão leva-nos a crer que os compostos do título serão possivelmente adequados para o tratamento do cancro da próstata.

Tabela 10: Resultados do docking da enzima 2AX6 com derivados de 5,5-dimetiltiohidantoína.

Composto n.	Valor E
1	-283.40
2	-265.67
3	-271.19
4	-275.11
5	-264.86
6	-267.75
7	-263.37
8	-299.54
9	-277.55
10	-276.51
11	-262.84
12	-258.33
13	-264.64
14	-265.53
15	-263.89
16	-281.81
HOF	-230.62

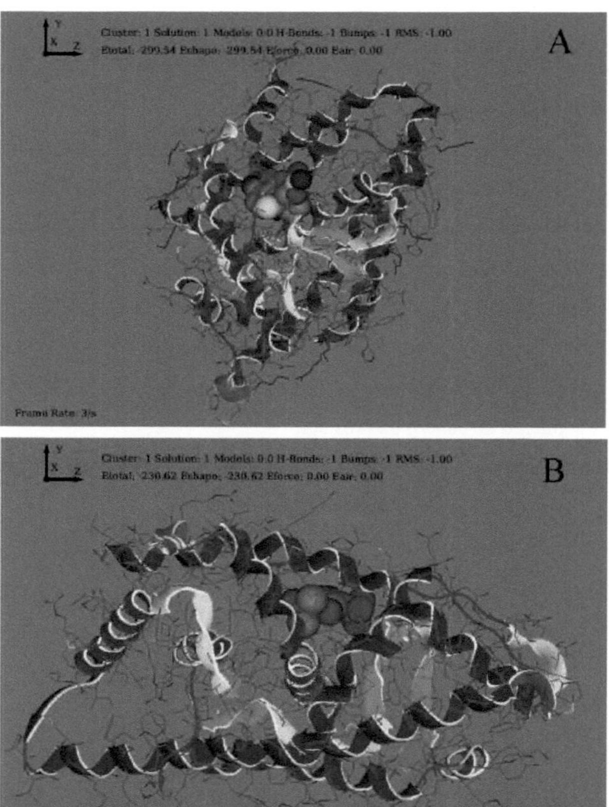

Fig. 3: Interação e energia de ligação do composto 8 (A) e da hidroxiflutamida (B) com o recetor de androgénios (2ax6), respetivamente.

4.9. Identificação dos sítios activos

Para encontrar os sítios activos, é utilizado o Castp Server. O ficheiro PDB é utilizado como entrada e os resultados são obtidos a partir desta ferramenta, que explica o número total de sítios activos presentes no ficheiro PDF de consulta, juntamente com informações sobre a sua sequência de aminoácidos. Para além disso, fornece também a área e o volume das bolsas. As bolsas são concavidades vazias na superfície de uma proteína às quais o solvente (esfera da sonda 1,4 A) pode aceder, ou seja, estas concavidades têm aberturas que ligam o seu interior à solução a granel exterior.

Atualmente, as depressões pouco profundas são excluídas do cálculo. No 2AX6 existem 33 bolsas apresentadas na figura 4. Por outro lado, os pormenores da área, volume, posições e aminoácidos das bolsas são apresentados na tabela 11. Os resultados obtidos a partir do servidor Castp revelaram que a 32ª bolsa tem uma área máxima de 379,7 mm^2 e um volume de 473,2 mm^3 . Além disso, os aminoácidos como ILE, MET, PHE, LEU, ALA, PHE, LEU, ALA, PHE, LEU, MET, MET, PHE, ARG, MET, VAL, MET, MET, TRP, GLN, GLY, LEU, ASN, LEU, LEU são apresentados nesta bolsa.

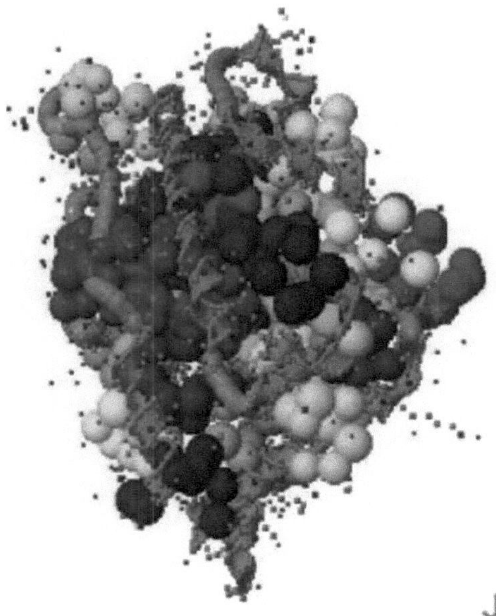

Fig. 4: As bolsas no recetor de androgénio (2AX6).

Quadro 11: Informações de bolso para sítios activos.

Bolso Não	Aminoácido	posição	Área	Vol
1	LEU ,MET, GLY, VAL	790, 787, 750,746	32.00	16.20
2	ASN, ASP, HIS, LEU	823, 732, 729, 729	28.50	14.00
3	MET, TRP, LEU, GLU	895, 741, 712, 709	33.00	17.60
4	LYS, GLN, LYS, TYR, ALA	905, 902, 822, 739, 735	13.20	20.90
5	LEU, PRO, ILE, TYR, VAL	821, 817, 815, 739, 736	35.20	17.80
6	ALA, GLN, VAL, GLY	870, 867, 866,743	28.60	13.70
7	GLU, ILE, ARG, GLN	872, 869, 786, 783	30.40	15.70
8	LEU, LEU , CYS	838,810, 806	29.70	14.50
9	PHE, PHE, LEU, ILE, LEU	916, 856, 838, 835, 810	27.70	13.70
10	ARG, ASP, GLN,ASN, ASP, HIS	774, 695, 693, 691, 690, 689	30.20	15.10
11	SER, ILE, LEU, PHE	900, 882, 881,878	30.40	16.90
12	PHE, ASN, LEU,ASP, LEU	827, 823,821,732,728	27.90	13.70
13	MET,GLN,VAL,LYS	734,733,730, 720	21.40	14.90

14	PRO, LYS,VAL,ILE,ARG	913, 912, 911, 906,871	24.50	16.80
15	VAL, ILE, ALA, HIS, MET, TRP,	903, 899,877,874,742,741	45.40	26.70
16	SER, ARG, LEU, MET, SER, SER	791, 788, 762, 761, 759, 753	35.20	19.30
17	LEU, GLN, GLU, LEU	805, 802, 678, 674	42.60	34.20
18	PHE,ARG, TRP, ALA, GLU	804, 752, 751, 748, 681	28.00	24.50
19	MET, GLN, ILE,MET, VAL, LEU	894,738,737,734,716,712	30.50	25.40
20	ARG, MET, GLU, ASN, ARG	788, 775,772, 771, 760	20.60	13.60
21	ILE, VAL, GLN, ILE, HIS, TRP,TYR, GLN	906, 903, 902, 898, 874,741, 739, 738	79.60	48.50
22	GLU, ARG, GLN, SER	872, 786, 783, 782	26.60	16.90
23	TRP, GLY, GLN, SER ASN PHE	796, 795, 792, 759, 758, 754	29.50	29.20
24	ASN, LEU, GLU, PHE, ASN	833,830, 829, 826, 727	34.40	35.30
25	ALA, LYS, LEU, TRP, GLU, LEU	809, 808,805, 718, 681, 677	73.70	53.80
26	ILE, ARG, GLU, LEU, PHE, PRO	841, 840, 837, 674, 673, 671	57.80	64.70
27	LYS, LEU, ASP, PHE, ARG, PHE	883, 880, 879, 876, 779, 697	85.00	57.80
28	LEU, ALA, SER, ASP, PRO, GLN,ASP, HIS	700,699, 696, 695, 694, 693, 690, 689	91.00	68.50
29	VAL,LYS, LYS, ASP, VAL, PRO, TYR	911,910,905, 819,818, 817, 739	62.20	79.60
30	PHE, TYR, ILE, GLN, ASP, LEU, ARG, SER, LEU, LEU	916, 915, 914, 867, 864, 863, 831, 814, 811, 810	158.7	114.3
31	TYR, PRO, ILE, HIS, ARG, ALA, PRO, GLN, ILE, SER, LEU, LEU, GLY, SER, TYR	915,913,906,874,871,870,868,867, 815, 814,811, 744,743, 740,739	246.9	236.7
32	ILE, MET, PHE, LEU, ALA, PHE, LEU, ALA, PHE, LEU, MET, MET, PHE, ARG, MET, VAL, MET, MET, TRP, GLN, GLY, LEU, ASN, LEU, LEU	899, 895, 891, 880, 877, 876, 873, 787, 780, 764, 752, 749, 746, 745, 742, 741, 711, 708, 707, 705, 704, 701	379.7	473.2
33	LYS, PRO, ALA, PHE, TYR, ASN, ARG, ALA, MET, LEU, TRP, VAL, HIS, GLN, VAL, VAL, GLY, PRO, GLU	808,766, 765, 764, 763, 756, 752, 748, 745, 744, 718, 715, 714,711, 685, 684, 683, 682, 681	347.3	429.8

4.10. Gráfico Lig$^+$

As interações de cada composto com os resíduos funcionais da 2AX6 demonstraram que todos os ligandos interagem com a maioria dos resíduos na bolsa de ligação, como se mostra na fig. 5 (a-d). O composto **1** não teve qualquer interação de ligação de hidrogénio com a proteína, mas obteve duas ligações externas com His789. Além disso, o composto **1** obteve uma interação hidrofóbica com Leu790, Val785, Ile869, Arg786, Ser865, Lys861, Leu862 e Glu793.

Além disso, o composto **2** não teve qualquer interação de ligação de hidrogénio com a proteína, mas obteve a interação hidrofóbica com Val713, Leu712, Met894, Glu893, Glu897, Gln738, Met734 e Val716.

Verificou-se que o composto **3** apresenta duas interações de ligações de hidrogénio com os resíduos de aminoácidos do sítio ativo Gln902 e Met734 a uma distância de 2,43 e 2,9 respetivamente, e a interação hidrofóbica com Lys720, Gln733, Val 730, Lys 822, Asp 732, Ala735, Asp731 e Gln738.

Verificou-se que o composto **4** apresenta três interações de ligações de hidrogénio com Ala735, Gln902 e Lys822 a uma distância de 2,65, 3,02 e 2,84 respetivamente, e a interação hidrofóbica com Val911, Tyr739, Lys910, Pro817, Lys905, Lue821, Gly820, Asp732, Asp731 e Gln738. Por outro lado,

O composto **5** não teve qualquer interação de ligação de hidrogénio com a proteína, mas obteve a interação hidrofóbica com Glu793, Lys861, Leu862, Arg786, Ill869, His789, Ser865 e Lue797.

Além disso, o composto **6** não teve qualquer interação de ligação de hidrogénio com a proteína, mas obteve a interação hidrofóbica com Glu793, Lys861, His789, Ile869, Ar786, Ser865, Lue862 e Leu797.

No entanto, verificou-se que o composto **7** apresenta três interações de ligações de hidrogénio com Ala735, Gln902 e Lys822 a uma distância de 2,61, 3,19 e 2,85 respetivamente, e a interação hidrofóbica com Tyr739, Lys910, Pro817, Asp732, Asp731, Asp819 e Gln738.

Além disso, o composto **8** não teve qualquer interação de ligação de hidrogénio com a proteína, mas obteve a interação hidrofóbica com Lys717, Val713, Met734, Glu893, Glu897, Gln738, Met894, Leu712 e Val716. No entanto,

O composto **9** não teve interação de ligação de hidrogénio com a proteína, mas teve duas ligações externas com Val 684 e Thr755. Além disso, este composto obteve interação hidrofóbica com Trp751, Asn756, Arg752, Gln711, Val685, Gly683, Glu681, Pro682, Phe804 e Ala748. Por outro lado,

Verificou-se que o composto **10** apresenta uma interação de ligação de hidrogénio com Gln902 a uma distância de 2,72 e a interação hidrofóbica com Gln738, Ala735, Asp731, Asp732, Lys822, Lys905, Val911, Asp819 e Pro817.

O composto **11** não teve qualquer interação de ligação de hidrogénio com a proteína, mas obteve a interação hidrofóbica com Pro817, Lys822, Asp731, Met734, Gln738 e Ala735.

Por outro lado, verificou-se que o composto **12** apresenta uma interação de ligação de hidrogénio com Ser865 a uma distância de 2,77 e a interação hidrofóbica com Tyr915, Asp864, Pro868, Glu793, Glu793, Gln858, Lys861, Tyr857 e Leu797.

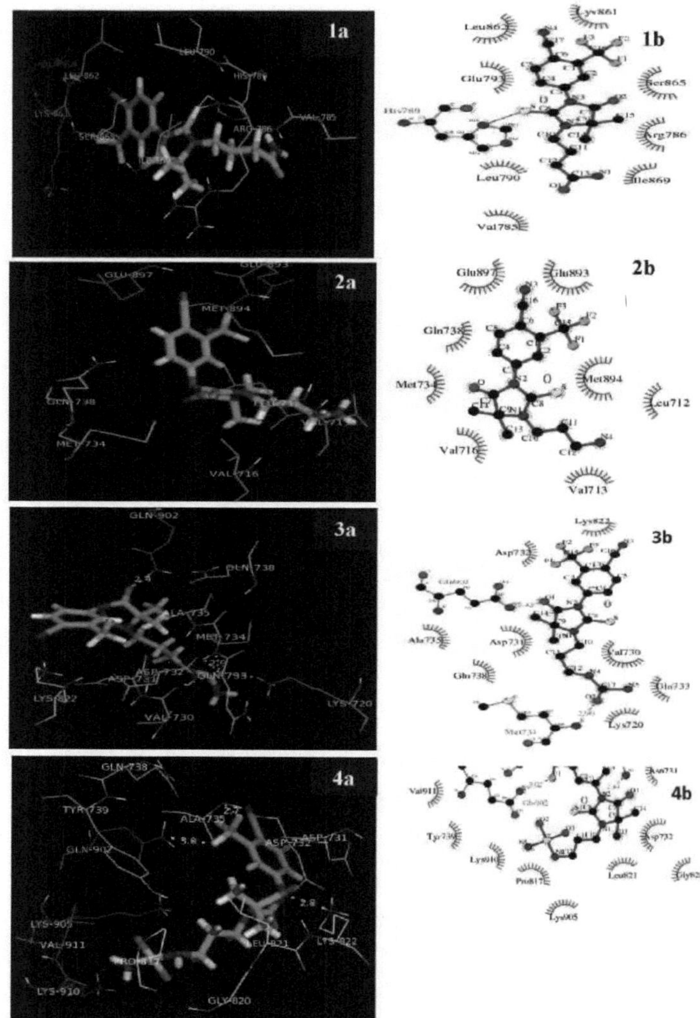

Fig. 5(a): 1a-4a) modos de ligação do composto 1-4 visualizados utilizando o software pymol, respetivamente, e 1b-4b) resultados Ligplot + que mostram as interações dos compostos 1-4, respetivamente, com 2AX6.

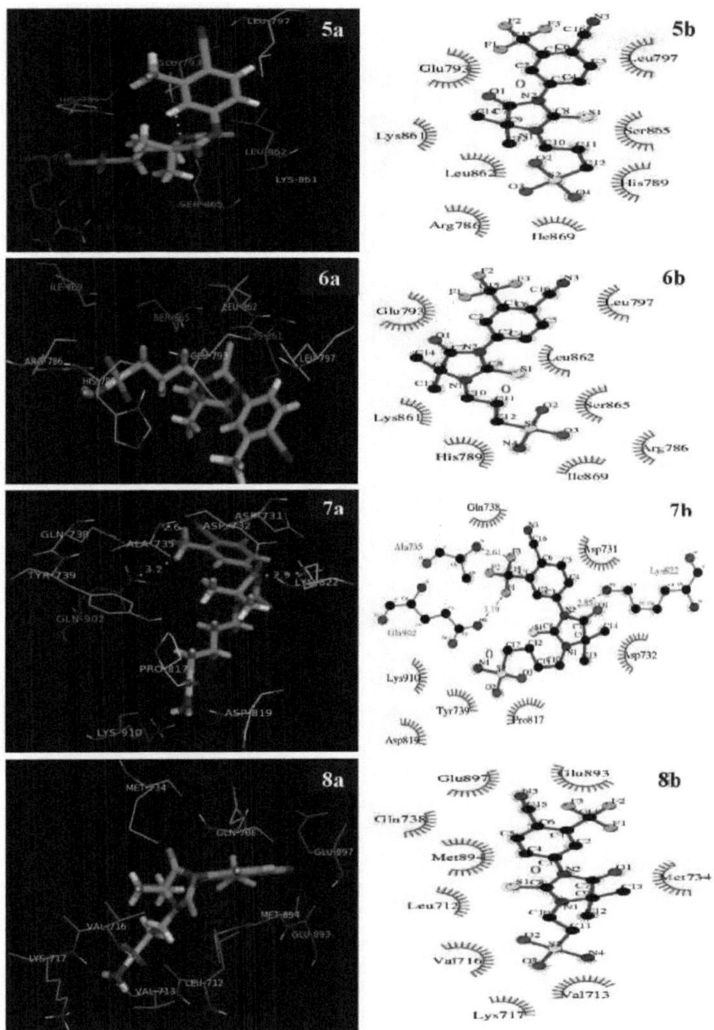

Fig. 5(b): 5a-8a) modos de ligação do composto 5-8 visualizados utilizando o software pymol, respetivamente, e 5b-8b) resultados Ligplot + que mostram as interações dos compostos 5-8, respetivamente, com 2AX6.

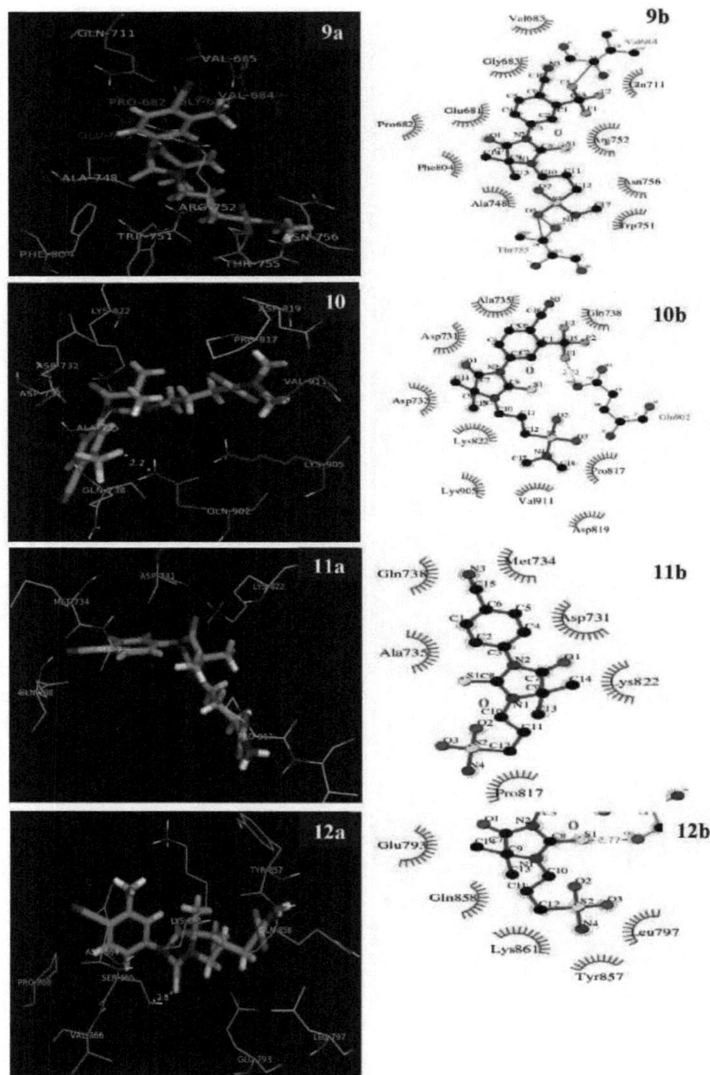

Fig. 5(c): 9a-12a) modos de ligação do composto 9-12 visualizados utilizando o software pymol, respetivamente, e 9b-12b) resultados Ligplot + que mostram as interações dos compostos 912, respetivamente, com 2AX6.

Verificou-se que o composto **13** apresenta uma interação de ligação de hidrogénio com Gln802 a uma distância de 2,23, mas tem duas ligações externas com Phe804 e Thr755, e a interação hidrofóbica com Asn756, Arg752, Trp751, Glu681, Leu805, Pro801 e Glu678.

No entanto, o composto **14** não teve qualquer interação de ligação de hidrogénio com a proteína, mas obteve quatro ligações externas com Ile869, Met787, Phe794 e Leu862, tendo também este composto obtido interação hidrofóbica com Arg786, Ser865, Glu793, Leu797, Ser791, Phe747, Gly 750 e Val746.

No entanto, o composto **15** não teve interação de ligações de hidrogénio com a proteína, mas teve interação hidrofóbica com Arg786, Ser865, Glu793, Leu797, His789, Ile869, Lys861 e Leu862. Por outro lado,

Verificou-se que o composto **16** apresenta uma interação de ligação de hidrogénio com Trp751 a uma distância de 3,13, mas obteve a interação hidrofóbica com Pro682, Gly683, Val684, Glu681, Phe804, Pro801, Leu805, Gln802 e Glu678.

As interações da hidroxiflotamida com os resíduos funcionais do 2AX6, apresentadas na figura (fig.5e), mostram uma interação de ligação de hidrogénio com a Val 685 a uma distância de 2,19, mas obtiveram a interação hidrofóbica com Arg752, Gly683, Val684, Pro682, Val715, Ala748, Leu744 e Gln711.

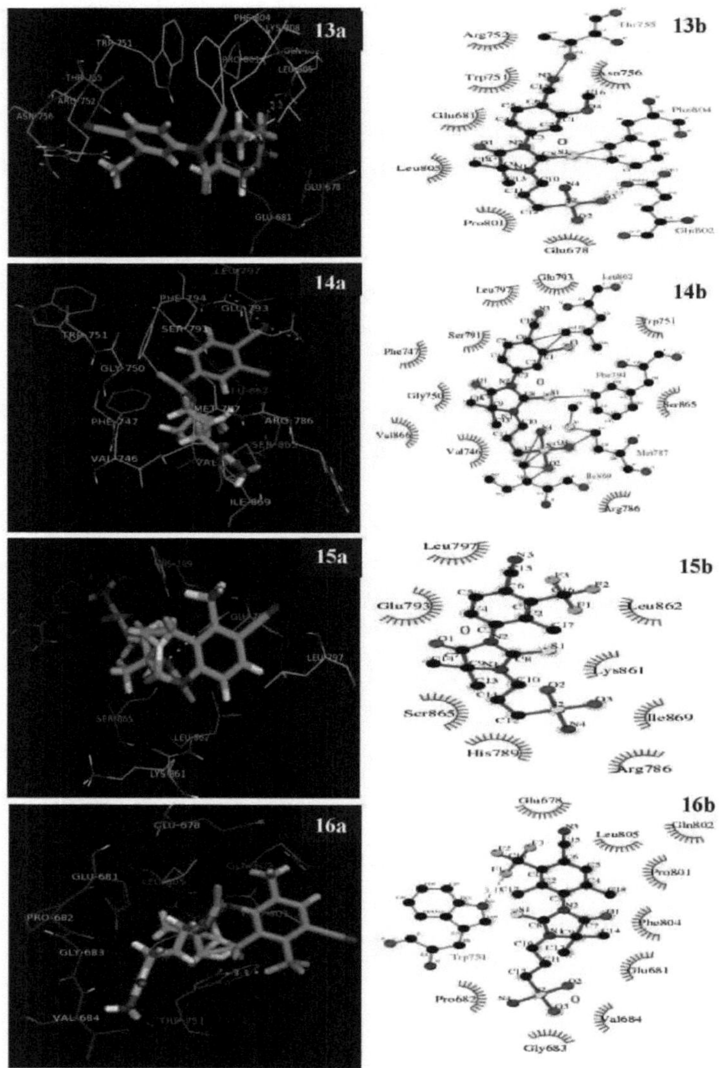

Fig. 5(d): 13a-16a) modos de ligação do composto 13-16 visualizados utilizando o software pymol, respetivamente, e 13b-16b) resultados Ligplot + que mostram as interações dos compostos 13-16, respetivamente, com 2AX6.

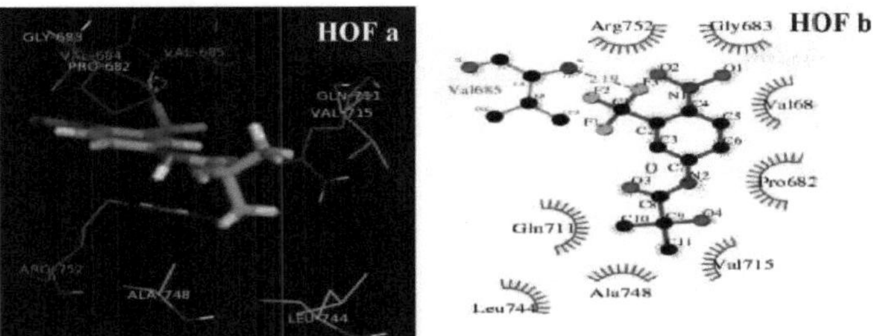

Fig. 5(e): HOF a) modos de ligação da hidroxiflutamida visualizados com o software pymol e HOF b) resultados Ligplot + que mostram as interações da hidroxiflutamida com 2AX6.

4.11. ADMET

Como já foi referido, as propriedades físico-químicas, como o peso molecular MiLogP e TPSA de todos os compostos do título, seguem a Regra dos Cinco de Lipinski. Além disso, o software online admetSAR (http://www.admetexp.org/predict/) foi utilizado para gerar parâmetros farmacocinéticos in silico para todos os compostos, a fim de estimar as suas propriedades de semelhança com os fármacos. Vários parâmetros ADMET são caracterizados para os compostos **4** e hidroxiflotamida utilizando o módulo in silico admetSAR. Os resultados da análise podem ser vistos na Tabela 12. A análise inclui a absorção intestinal humana, a penetração na barreira hemato-encefálica, a permeabilidade Caco-2, o substrato e o inibidor da glicoproteína P, o substrato e o inibidor do CYP450 (CYP1A2, 2C9, 2D6, 2C19 e 3A4), os inibidores do hERG, a mutagenicidade AMES, os carcinogéneos, a toxicidade do peixe-anão, a toxicidade da abelha, a solubilidade aquosa e a toxicidade da Tetrahymena pyriformis. De acordo com o quadro 12, a hidroxiflotamida é um agente cancerígeno em comparação com a natureza não cancerígena do composto **4**. A principal limitação da hidroxiflotamida é a sua natureza de substrato do CYP450 3A4, que conduz a uma elevada interação medicamentosa e à interrupção do metabolismo da combinação de medicamentos. O composto **4** supera essa limitação. Além disso, o composto **4** é AMES não tóxico e não cancerígeno em comparação com o medicamento padrão hidroxiflotamida.

Tabela 12: Previsão dos perfis ADMET do composto mais ativo (4) e droxiflutamida

Parâmetro	**Composto 11 (Mais ativo)**		**Hidroxiflotamida**	
Absorção	**Resultado**	**Probabilidade**	**Resultado**	**Probabilidade**
Barreira hemato-encefálica	**BBB+**	0.8199	BBB-	0.8396
Absorção Intestinal Humana	HIA+	0.9623	HIA+	0.9625
Permeabilidade Caco-2	Caco2-	0.6938	Caco2-	0.5898
Substrato da glicoproteína P	Não-substrato	0.5229	Não-substrato	0.6835
Inibidor da glicoproteína-P	Não inibidor	0.6193	Não inibidor	0.6634
	Não inibidor	0.9403	Não inibidor	0.8954
Transportador renal de catiões orgânicos	Não inibidor	0.8429	Não inibidor	0.9684
Distribuição Metabolismo				
Substrato do CYP450 2C9	Não-substrato	0.7697	Não-substrato	0.8100
Substrato do CYP450 2D6	Não-substrato	0.8041	Não-substrato	0.8308
Substrato do CYP450 3A4	**Não-substrato**	0.5490	Substrato	0.5225
Inibidor do CYP450 1A2	Não inibidor	0.8211	Não inibidor	0.6559
Inibidor do CYP450 2C9	**Não inibidor**	0.6976	Inibidor	0.5266
Inibidor do CYP450 2D6	Não inibidor	0.7479	Não inibidor	0.8475
Inibidor do CYP450 2C19	**Não inibidor**	0.6359	Inibidor	0.5260
Inibidor do CYP450 3A4	**Não inibidor**	0.8317	Inibidor	0.5374

Promiscuidade inibitória do CYP	Baixa promiscuidade inibitória do CYP	0.5981	Elevada promiscuidade inibitória do CYP	0.5357
ExcreçãoToxicidade				
Éter humano relacionado com o Éter-a-go-go Inibição de genes	Inibidor fraco	0.9390	Inibidor fraco	0.9957
Toxicidade AMES	**Não tóxico para a AMES**	0.5689	AMES tóxico	0.5150
Carcinogéneos	**Não cancerígenos**	0.6999	Carcinogéneos	0.5530
Toxicidade para peixes	Elevado FHMT	0.9702	Elevado FHMT	0.9984
Toxicidade da Tetrahymena Pyriformis	TPT elevado	0.8713	TPT elevado	0.9757
Toxicidade das abelhas	Baixo HBT	0.8241	Baixo HBT	0.8084
Biodegradação	Não é biodegradável	0.9876	Não é biodegradável	1.0000
Toxicidade oral aguda	III	0.5839	III	0.5581
Carcinogenicidade (três classes)	Não exigido	0.5815	Não exigido	0.4472

Toxicidade oral aguda: A categoria III inclui compostos com valores LD50 superiores a 500 mg/kg mas inferiores a 5.000 mg/kg. Carcinogenicidade (três classes): Os compostos carcinogénicos com TD50 (taxa de dose tumorigénica 50) B10 mg/kg de peso corporal/dia foram classificados como "Perigosos", os compostos com TD50[10 mg/kg de peso corporal/dia foram classificados como "Advertentes" e os produtos químicos não carcinogénicos foram classificados como "Não exigidos". A probabilidade indica uma escala entre 0 e 1. Os parâmetros que indicam a diferença entre o composto mais ativo e o menos ativo foram destacados a negrito.

5. Conclusão

O estudo in silico dos derivados de 5,5-dimetiltiohidantoína dá resultados promissores para a utilização destes compostos como antagonista de androgénios. Os compostos do título ligam-se com mais competência ao sítio de ligação semelhante ao da hidroxiflutamida. O nosso estudo escolheu 16 moléculas, que demonstram o melhor resultado na análise in silico com melhor eficiência de ligação (em termos de pontuação de docking) ao recetor de androgénio do que a hidroxiflutamida. A hidroxiflutamida é um agente cancerígeno em comparação com a natureza não cancerígena do composto **4**. Por outro lado, o composto **4** é AMES não tóxico e não cancerígeno em comparação com o medicamento padrão hidroxiflutamida. Assim, prevê-se que todos os compostos do título possam atuar como novas pistas para o tratamento do cancro da próstata, uma vez que possuem atividade antagonista dos androgénios. Estes resultados podem ser utilizados em experiências futuras para investigar as interações dos derivados da 5,5-dimetiltiohidantoína com o recetor de androgénios, ou podem ser utilizados em experiências in vivo para testar os seus efeitos nas capacidades de tratamento do cancro da próstata.

Agradecimentos

Estou muito grato ao professor **Medhat A. Ibrahim**, diretor do Departamento de Espectroscopia, Centro Nacional de Investigação, 12311, Dokki, Cairo, Egito, pelo seu apoio na realização do cálculo da modelação molecular.

Referências

[1] Green D.R. and Kroemer, G (2004) The Pathophysiology of Mitochondrial Cell Death. Science. **305**: 626 - 629.

[2] Hanahan D. e Folkman J. (1996) Patterns and Emerging Mechanisms of the Angiogenic Switch during Tumorigenesis. Cel. **86**: 353-364.

[3] Hartwell L.H. e Kastan M.B. (1994) Cell cycle control and cancer. Science. **266**:1821-1828.

[4] Risau W. (1997) Mechanisms of angiogenesis. Nature. **386**: 671-674.

[5] Heidenreich A., Bellmunt J., Bolla M., Joniau S., Mason M., Matveev V., Mottet N., Schmid H. P., van der K.T., Wiegel T. e Zattoni F. (2011) Guia de La EAU sobre el cάncer de prostata. Parte I: cribado, diagn0stico y tratamiento del άncer clinicamente localizado. Actas Urológicas Espanholas. **35**:501-514.

[6] Culig Z., Klocker H., Bartsch G. e Hobisch, A. (2002) Androgen receptors in prostate cancer. Endocrine-Related Cance. **9**: 155-170.

[7] Culig Z., Klocker H., Bartsch, G. and Hobisch, A. (2001) The Transcriptional Co-Activator cAMP Response Element-Binding Protein-Binding Protein Is Expressed in Prostate Cancer and Enhances Androgen- and Anti-Androgen- Induced Androgen Recetor Function. American Journal of Pharmacogenomics. **1**: 241-249.

[8] Eder I.E., Culig Z., Putz T., Nessler-Menardi C., Bartsch G. e Klocker H. (2001) Molecular Biology of the Androgen Recetor: From Molecular Understanding to the Clinic. European Urology. **40**: 241251.

[9] Huggins C. e Hodges C.V. (1972) Studies on prostatic cancer: I. The effect of castration, of estrogen and of androgen injection on serum phosphatases in metastatic carcinoma of the prostate. CA Cancer Journal for Clinics. **22**:232-240.

[10] Wang D. e Tindall, D.J. (2011) Androgen Action During Prostate Carcinogenesis. Métodos em Biologia Molecular. *776:* 25 - 44.

[11] Green S.M. and Mostaghel E.A. Nelson PS (2012) Androgen action and metabolism in prostate cancer. Endocrinologia Molecular e Celular. ***360***: 3-13.

[12] McPhaul M.J. (2002) Androgen recetor mutations and androgen insensitivity Mol. Cell Endocrinol. 198: 61-67.

[13] Yeh S., Tsai. M.,Y., Xu Q., Mu X.M., Lardy H., Huang K.E., Lin H., Yeh S.D., Altuwaijri S., Zhou X., Xing L., Boyce B., Hung M., Zhang S., Gan L. e Chang C. (2002) Generation and characterization of androgen recetor knockout (ARKO) mice: Um modelo in vivo para o estudo das funções dos androgénios em tecidos selectivos. Proc. Natl. Acad. Sci. USA. ***99***:

13498-13503.

[14] Hirawat S., Budman D.R. e Kreis W. (2003) The Androgen Recetor: Structure, Mutations, and Antiandrogens. Cancer Investig. ***21***: 400-417.

[15] Heinlein C.A. and Chang C. (2004) Androgen Recetor in Prostate Cancer. Endocr. Rev. ***25***: 276-308.

[16] Bevan C.L. (2005) Androgen recetor in prostate cancer: cause or cure? Trends. Endocrinol. Metab. ***16***: 395-397.

[17] He Y., Yin D., Perera M., Kirkovsky L., Stourman N., Li W., Dalton J. e Miller D. (2002) Novos ligandos não esteróides com elevada afinidade de ligação e potente atividade funcional para o recetor de androgénios. Eur. J. Med. Chem. *37*: 619 - 34.

[18] Dalton J.T., Mukherjee A., Zhu Z., Kirkovsky L. e Miller D.D. (1998) Discovery of nonsteroidal androgens. Biochem. Biophys. Res. Commun. ***244***:1- 4.

[19] Feldman B.J. and Feldman D.(2001) The development of androgenIndependent prostate cancer. Nat. Rev. Cancer. ***1***: 34 - 45.

[20] Chen Y., Sawyers C.L. e Scher H.I. (2008) Targeting the androgen Via dos receptores no cancro da próstata. Curr. Opin. Pharmacol. **8**: 440448.

[21] Taplin M. E. (2008) Androgen recetor: role and novel therapeutic prospects in prostate cancer. Expert Rev. Anticancer Ther. **8**: 1495508.

[22] Yap T.A., Zivi A., Omlin A. e de Bono J.S. (2011) The changing therapeutic landscape of castration-resistant prostate cancer. Nat. Rev. Clin. Oncol. **8**: 597- 610.

[23] Courtney K.D. and Taplin M.E. (2012) The evolving paradigm of second-line hormonal therapy options for castration-resistant prostate cancer (O paradigma em evolução das opções de terapia hormonal de segunda linha para o cancro da próstata resistente à castração). Curr. Opin. Oncol. **24**: 272- 277.

[24] Isbarn H., Boccon-Gibod L., Carroll P.R. Montorsi F., Schulman C., Smith M.R., Sternberg C.N. e Studer U.E. (2009) Androgen Deprivation Therapy for the Treatment of Prostate Cancer: Considerar os benefícios e os riscos . Eur. Urol. **55**: 62-75.

[25] Wirth M.P., Hakenberg O.W. and Froehner M. (2007) Antiandrogens in the treatment of prostate cancer. Eur. Urol. **51**: 306-313.

[26] See W.A., Wirth M.P., McLeod D.G., Iversen P., Klimberg I., Gleason D., Chodak G., Montie J., Tyrrell C., Wallace D.M.A., Delaere K.P.J., Vaage S., Tammela T.L.J., Lukkarinen O., Persson B-E., Carrol K., Kolvenbag G.J.C.M. (2002) Bicalutamida como terapêutica imediata, isolada ou como adjuvante do tratamento padrão de doentes com cancro da próstata localizado ou localmente avançado: primeira análise do programa de cancro da próstata

precoce. J. Urol. **168**: 429 - 435.

[27] Akaza H., Yamaguchi A., Matsuda T., Igawa M., Kumon H., Soeda A., Arai Y., Usami M., Naito S., Kanetake H., Ohashi Y. (2004) Eficácia antitumoral superior da bicalutamida 80 mg em combinação com um agonista da hormona libertadora da hormona luteinizante (LHRH) versus monoterapia com agonista da LHRH como tratamento de primeira linha para o cancro da próstata avançado: resultados provisórios de um estudo aleatório em doentes japoneses. Urol. **34**: 20-28.

[28] Wirth M.P., See W.A., McLeod D.G., Iversen P., Morris T. e Carroll K. (2004) Bicalutamide 150 mg in addition to standard care in patients with localized or locally advanced prostate cancer: results from the second analysis of the early prostate cancer program at median followup of 5.4 years. J. Urol. **172**:1865-1870.

[29] Iversen P., Johansson J.E., Lodding P., Lukkarinen O., Lundmo P., Klarskov P., Tammela T.L., Tasdemir I., Morris T. e Carroll K. (2004) Bicalutamide (150 mg) versus placebo como terapia imediata isolada ou como adjuvante à terapia com intenção curativa para o cancro da próstata não-metastático precoce: acompanhamento mediano de 5,3 anos do Scandinavian Prostate Cancer Group Study Number 6. J. Urol, **172**: 1871- 876.

[30] Isurugi K., Fukutani K., Ishida H. e Hosoi Y. (1980) Endocrine effects of cyproterone acetate in patients with prostatic cancer. J Urol. **123**: 180-183.

[31] Kennealey G.T. and Furr B.J. (1996) Use of the nonsteroidal antiAndrogen Casodex in advanced prostatic carcinoma. Urol. Clin. North Am, **18**, 99-110.

[32] Blackledge G. R. (1996) Clinical progress with a new antiandrogen, Casodex (bicalutamide). Eur. Urol. 2: 96-104.

[33] Tyrrell C.J., Altwein J.E., Klippel F., Varenhorst E., Lunglmayr G., Boccardo F., Holdaway I.M., Haefliger J.M. e Jordaan J.P. (1991) A multicenter randomized trial comparing the luteinizing hormone- releasing hormone analogue goserelin acetate alone and with flutamide in the treatment of advanced prostate cancer. O Grupo Internacional de Estudo do Cancro da Próstata. Urol. 146: 1321-1326.

[34] Eisenberger M.A., Blumenstein B.A., Crawford E.D., Miller G., McLeod D.G., Loehrer P.J., Wilding G., Sears K., Culkin D.J., Jr
Thompson I.M., Bueschen A.J. e Lowe B.A. (1998) Bilateral orchiectomy with or without flutamide for metastatic prostate cancer. Eng. J. Med. 339:1036-1042.

[35] Wirth M.P., Froschermaier SE (1997) The antiandrogen withdrawal syndrome. Urol. Res. **25**: 67-71.

[36] Kemppainen J.A. and Wilson E.M. (1996) Agonist and antagonist activities of hydroxyflutamide and Casodex relate to androgen recetor stabilization. Urclogy. **48**:157-163.

[37] Tachibana K., Imaoka I., Shiraishi T., Yoshino H., Nakamura M., Ohta M., Kawata H., Taniguchi K., Ishikura N., Tsunenari T., Saito H., Nagamuta M.,Nakagawa T., Takanashi K., Onuma E. e Sato H. (2008) Descoberta de um antagonista puro do recetor de androgénio não esteroide oralmente ativo e as relações estrutura-atividade dos seus derivados. Chem. Pharm. Bull. (Tóquio). **56**: 1555- 1561.

[38] Yoshino H., Sato H., Tachibana K., Shiraishi T., Nakamura M., Ohta M., Ishikura N., Nagamuta M., Onuma E., Nakagawa T., Arai S., Ahn K.H., Jung K.Y. e Kawata H. (2010) Relações estrutura-atividade da substituição bioisostérica do ácido carboxílico em novos antagonistas puros do recetor de androgénio. Bioorg. Med. Chem. **18**: 3159-3168.

[39] Darvas F., Keseru G., Papp A., Dormán G., Urge L., Krajcsi P. (2002) In Silico and Ex silico ADME approaches for drug discovery. Top Med Chem. **2**:1287-1304.

[40] Hodgson J. (2001) ADMET - turning chemicals into drugs. Nature Biotechnology **19**:722-726.

[41] Navia M.A., Chaturvedi P.R. (1996) Design principles for orally Bioavailable drugs. Drug Dev Today. **1**:179-189.

[42] Lipinski C.A., Lombardo F., Dominy B.W., Feeney P.J. (1997) Experimental and computational approaches to estimate solubility and permeability in drug discovery and development settings. Adv Drug
Entrega Rev. **23**:3-25.

[43] Lombardo F., Gifford E., Shalaeva M.Y. (2003) In silico ADME prediction: data, models, facts and myths. Mini Rev Med Chem. **3**:861-875.

[44] Gleeson M.P., Hersey A., Hannongbua S. (2011) In-silico ADME models: a general assessment of their utility in drug discovery applications. Curr Top Med Chem. 11(4):358-381.

[45] DiMasi J.A., Hansen R.W., Grabowsk H.G .(2003) The price of innovation: new estimates of drug development costs. J Health Econ. **22**:151-185.

[46] Topol I. A., Burt, S. K., Deretey, E., Tang T. H., Perczel A., Rashin, A., Csizmadia I. G. J. (2001) Am. Chem. Soc. **123**: 6054-6060.

[47] Barden J. C., Schaefer H. F., III. (2004) Em Computational Medicinal Chemistry for Drug Discovery. Bultnik, P., Ed.; Marcel Dekker: Nova Iorque. 133-149.

[48] Geerlings P., De Proft F., Langenaeker W. Chem. (2003) Rev. **103**: 1793-1873.

[49] Hohenberg P., Kohn W. (1964) Phys. Rev. B, **136**: 864.

[50] Lee C., Yang W., Parr R. G. (1988) Phys. Rev. B, **37**: 785-789.

[51] Becke A. D. J., (1993) Chem. Phys. **98**: 5648-5652.

[52] Becke A. D. (1988) Phys. Rev. A. **38**: 3098-3100.

[53] Perdew J. P. (1986) Phys. Rev. B. **33**: 8822-8824.

[54] Ziegler T., Autschbach J. (2005) Chem. Rev. **105**: 2695-2722.

[55] Foresman J.B., Frisch A. (1996) Exploring Chemistry with Electronic Structure Methods, 2nd edn. Gaussian Inc., Pittsburgh.

[56] Koch W., Holthausen M.C. (2000) A chemist's guide to density functional theory. Wiley-VCH, Weinheim.

[57] Dewar M.J.S., Zoebisch E.G., Healy E.F. et al. (1985) AM1: A new general purpose Quantum mechanical molecular model. J Am Chem Soc. **107**:3902-3909.

[58] Rocha G.B., Freire R.O., Simas A.M. et al. (2006) RM1: Uma reparametrização do AM1 para H, C, N, O, P, S, F, Cl, Br, e I. J Comput Chem. **27**:1101-1111.

[59] Stewart J. J. P. J. (1989) Comput. Chem., **10**: 209-264.

[60] Shaffer A. A., Wierschke, S. G. J. (1993) Comput. Chem. 14: 75-88.

[61] Field M.J., Moleculaire L.D., Grenoble (2007) Practical introduction to the simulation of molecular systems, 2nd edn. Cambridge University Press, Cambridge

[62] Allinger N. L., Chen K. S., Lii, J. H. J. (1996) Comput. Chem. **17**: 642-668.

[63] Cornell W. D., Cieplak, P., Bayly C. I., Gould, I. R., Merz K. M., Ferguson D. M., Spellmeyer D. C., Fox, T., Caldwell J. W., Kollman P. A. J. (1995) Am. Chem. Soc, **117**, 5179-5197.

[64] Sybyl 6.4, Tripos Associates, St. Louis, MO, EUA.

[65] Halgren T. J. (1996) Comput. Chem. **17**: 490-519.

[66] Todebush P. M., Bowen J. P. (2001) In Free Energy Calculations in Rational Drug Design; Reddy, M. R., Erion, M. D., Eds.; Plenum Publishers: Nova Iorque, 2001, 37- 59.

[67] Cramer C.J. (2004) Essentials of computational chemistry: theories and models, 2nd edn. Wiley, Chichester.

[68] Jensen F. (2007) Introduction to computational chemistry, 2nd edn.Wiley, UK.

[69] Rapaport D.C. (2004) The art of MD simulation, 2nd edn. Cambridge University Press, Nova Iorque.

[70] Frenkel D., Smit B. (2002) Understanding molecular simulations: from algorithms to applications, 2nd edn. vol 1, Computational Science Series Academic Press, San Diego.

[71] Allen M.P., Tildesley D.J. (1987) Computer simulations of liquids. Clarendon Press, Oxford Ayton GS, Noid WG, Voth GA (2007) Multiscale modeling of biomolecular systems: in serial and in parallel.

Curr Opin Struct Biol **17**:192-198.

[72] Kuntz I.D., Blaney J.M., Oatley S.J., Langridge R., Ferrin T.E. (1982) A geometric approach to macromolecule-ligand interactions. J. Mol. Biol. **161**:269-88.

[73] Levinthal C., Wodak S.J., Kahn P., Dadivanian A.K. (1975) Hemoglobin interaction in sickle cell fibers. I. Abordagens teóricas dos contactos moleculares. Proc. Natl. Acad. Sci. USA **72**:1330-34.

[74] Wodak S.J., De Crombrugghe M., Janin J. (1987) Computer studies of Interactions between macromolecules. Prog. Biophys. Mol. Biol. **49**:29-63.

[75] Greer J., Bush B.L. 1978. Mapas de forma e superfície macromoleculares por exclusão de solventes. Proc. Natl. Acad. Sci. USA 75:303-7.

[76] Richards F.M. (1977) Areas, volumes, packing, and protein structure. Annu. Rev. Biophys. Bioeng. **6**:151-76.

[77] Wodak S.J., Janin J. (1978) Computer analysis of protein-protein interactions. J. Mol. Biol. **124**:323-42.

[78] Koshland DE Jr. 1958. Aplicação de uma teoria de especificidade enzimática à síntese de proteínas. Proc. Natl. Acad. Sci. USA **44**:98-104.

[79] DesJarlais RL, Sheridan RP, Dixon JS, Kuntz ID, Venkataraghavan R. (1986) Docking flexible ligands to macromolecular receptors by molecular shape. J. Med. Chem. **29**:2149-53.

[80] DesJarlais R.L., Sheridan R.P., Seibel G. L., Dixon J.S., Kuntz I.D., Venkataraghavan R. (1988) Utilizar a complementaridade da forma como um exame inicial na conceção de ligandos para um local de ligação a um recetor de estrutura tridimensional conhecida. J. Med. Chem. **31**: 722- 29.

[81] DesJarlais RL, Seibel GL, Kuntz ID, Furth PS, Alvaraz JC, et al. 1990. Conceção baseada na estrutura de inibidores não peptídicos específicos da protease 1 do vírus da imunodeficiência humana. Proc. Natl. Acad. Sci. USA **87**: 6644-6648.

[82] Klebe G. (2000) Recent developments in structure-based drug design. J. Mol. Med. **78**:269-281.

[83] Kick E.K., Roe D.C., Skillman A.G., Liu G., Ewing T.J.A., et al. (1997) A conceção baseada na estrutura e a química combinatória produzem inibidores nanomolares baixos da catepsina D. Chem. Biol. **4**:297-307.

[84] CuratoloW., (1998) Physicochemical properties of oral drug candidates in the discovery and exploratory development settings. Pharm. Sci. Technol. Today, **1**, 387-393.

[85] Wenlock M.C., Austin R.P., Barton P., Davis A.M. e Lesson P. (2003) A Comparison of physiochemical property profiles of development and marketed Oral drugs. J. Med. Chem.

46: 12501256.

[86] Vieth M., Siegel M.G., Higgs R.E., Watson I.A., Robertson D.H., Savin K.A., Durst G.L., e Hipskind P.A. (2004) Characteristic physical properties and structural fragments of marketed oral drugs. J. Med. Chem. 47: 224-232.

[87] Lobell M., Hendrix M., Hinzen B. et al (2006) In silico ADMET traffic lights as a tool for the prioritization of HTS hits. Chem Med Chem. 1:1229-1236.

[88] Chow M.S. (1996) Intravenous amiodarone: pharmacology, pharmacokinetics, and clinical use. Ann Pharmacother 30**:**637-643.

[89] Doggrell S.A. (2001) Amiodarone - waxed and waned and waxed again. Expert Opin Pharacother **2**:1877-1890.

[90] Van de Waterbeemd, H., Smith, D. A., Jones, B. C. (2001) Lipophilicity in PK design: methyl, ethyl, futile. J. Comput. Aid. Mol. Des. **15**, 273-286.

[91] Van de Waterbeemd, H. (2001) In Pharmacokinetic Challenges in Drug Discovery (Eds). Ernst-Schering Research Foundation Workshop Series. **37**: 213- 34.

[92] Walther B., Vis P., Taylor A. (1996) In: Lipophilicity in Drug Action and Toxicology. eds Pliska. V., Testa, B., Van de
Waterbeemd, H. 253-261

[93] Buchwald P., Bodor, N. (2002) Computer-aided drug design: the role of quantitative structure-property, structure-activity and structuremetabolism relationships (QSPR, QSAR, QSMR). Drug Future. **27**: 577-588.

[94] Lipinski C. A. (2001) Drug-like properties and the causes of poor solubility and poor permeability. J. Pharmacol. Toxicol. Methods. **44**: 235-249.

[95] Bevan, C. D., Lloyd, R. S. (2000) A high-throughput screening method for the determination of aqueous drug solubility using laser nephelometry in microtiter plates. Anal. Chem. **72**: 1781-1787.

[96] Jorgensen, W. L., Duffy, E. M. (2002) Prediction of drug solubility from structure. Adv. Drug Del. Rev. **54**: 355-366.

[97] Mitra, R., Shyam, R., Mitra, I., Miteva, M. A., and Alexov, E. Calculating the protonation states of proteins and small molecules: implications to ligand-recetor Interactions. Curr. Comput. Aided Drug Des. 2008, 4:169-179.

[98] Raevsky O. A., Fetisov V. I., Trepalina E. P., McFarland J. W., Schaper K.-J.(2000) Quantitative estimation of drug absorption in humans for passively transported compounds on the basis of their physico-chemical parameters. Quant. Struct.-Act. Relat. **19**: 366374.

[99] Stenberg P., Norinder U., Luthman K., Artursson, P. (2001) Experimental and computational

screening models for the prediction of intestinal drug absorption. J. Med. Chem. **44**: 1927-1937.

[100] Egan W. J., Lauri, G. (2002) Prediction of intestinal permeability. Adv. Drug Deliv. Rev. **54**: 273-289.

[101] Gleeson M. P. (2008) Geração de um conjunto de regras de ouro ADMET simples e interpretáveis. J. Med. Chem. **51**: 817-834.

[102] Di L., Kerns E. H. (2005) Application of pharmaceutical profiling assays for optimization of drug-like properties. Curr. Opin. Drug Discov. Devel. **8**: 495-504.

[103] Di L. and Kerns E. H. (2008) Solution stability-plasma, gastrointestinal, bioassay. Curr. Drug Metab. **9**: 860-868.

[104] Di L. and Kerns E. H. (2006) Biological assay challenges from compound solubility: strategies for bioassay optimization. Drug Discov. Today. **11**: 446- 451.

[105] Ertl P., Rohde B., Selzer P. (2000) Fast calculation of molecular polar surface area as sum of fragment-based contributions and its application to the prediction of drug transport properties. J Med Chem. **43**:3714-3717.

[106] Varma M.V.S., Obach R.S., Rotter C. et al (2010) Espaço físico-químico para uma biodisponibilidade oral óptima: contribuição da absorção intestinal humana e da eliminação de primeira passagem. J Med Chem. **53**:1098-1108.

[107] Price D.A., Blagg J., Jones L. et al (2009) Propriedades físico-químicas dos medicamentos associadas a resultados toxicológicos in vivo: uma revisão. Expert Opin Drug Metab Toxicol. **5**:921-931.

[108] Cummins C. L., Jacobsen W., Benet L. Z. (2002) Unmasking the Dynamic interplay between intestinal P-glycoprotein and CYP3A4. J. Pharmacol. Exp. Ther. **300**: 1036-1045.

[109] Zhao Y. H., Le J., Abraham M. H., Hersey A., Eddershaw P. J., Luscombe C. N., Boutina D., Beck G., Sherborne B., Cooper I., Platts J. A. (2001) Evaluation of human intestinal absorption data and subsequent derivation of a quantitative structure-activity relationship (QSAR) with the Abraham descriptors. J. Pharm. Sci. **90**: 749-784.

[110] Tamvakopoulos, C.S. et al. (2000) Determination of brain and plasma Drug concentrations by liquid chromatography/tandem mass spectrometry. Rapid Commun. Mass Spectrom. **14**: 1729-1735.

[111] Gumbleton M. and Audus K.L. (2001) Progress and limitations in the use of in vitro cell cultures to serve as a permeability screen for the blood-brain barrier. J. Pharm. Sci. **90**: 1681-1698.

[112] Di L. et al. (2002) High throughput artificial membrane permeability assay for blood-brain

barrier. Eur. J. Med. Chem. **47**:371-374.

[113] Smith M. , Omidi Y., Gumbleton M. (2007) Primary porcine brain Microvascular endothelial cells: Biochemical and functional characterisation as a model for drug transport and targeting, Journal of Drug Targeting. **4**:253-268.

[114] Janiszewski J.S. et al. (2001) A high-capacity LC/MS system for the bioanalysis Of samples generated from plate-based metabolic screening. Anal. Chem. **73**: 1495-1501.

[115] Lin J. H. (1998) Applications and Limitations of Interspecies Scaling and In Vitro Extrapolation in Pharmacokinetics, DRUG ETABOLISM AND DISPOSITION, **26**: 1202-1212.

[116] Le Bigot J.F., Begue J.M., Kiechel J.R., Guillouzo A. (1987) Species differences In metabolism of ketotofen in rat, rabbit and human: Demonstração de vias semelhantes in vivo e em hepatócitos de cultura. Life Sci. **40:** 883-890.

[117] Guengerich F. P.,(2001) In Vitro techniques for studying drug metabolism, Journal of Pharmacokinetics and Pharmacodynamics. 24: 521-33.

[118] Ekins S., Ring B. J., Grace J., McRobie-Belle D. J. e Wrighton S. A. (2000) Present and future in vitro approaches for drug metabolism, Journal of Pharmacological and Toxicological Methods. **44**: 313-324.

[119] Rodrigues A.D., Lin J.H. (2001) Screening of drug candidates for their drug- drug interaction potential. Curr. Opin. Chem. Biol. **5**: 396-401.

[120] Kansy M. et al. (1998) Physicochemical high throughput screening: parallel artificial membrane permeation assay in the description of processos de absorção passiva. J. Med. Chem. **41**:1007-1010.

[121] Avdeef A. et al. (2001) Modelo de absorção de fármacos in vitro: estudos de membranas artificiais imobilizadas por filtro das propriedades de permeabilidade das lactonas em Piper methysticum Forst. Eur. J. Pharm. Sci. **14**, 271-280.

[122] Korfmacher W.A. et al. (1999) Desenvolvimento de um sistema automatizado de espetrometria de massa para a análise quantitativa de amostras de incubação de microssomas hepáticos: uma ferramenta para o rastreio rápido de novos compostos relativamente à estabilidade metabólica. Rapid Commun. Espectrómetro de Massa. **13**:901-907.

[123] Mandagere A.K. et al. (2002) Graphical model for estimating oral bioavailability of drugs in humans and other species from their Caco^{-2} permeability and in vitro liver enzyme metabolic stability rates. J. Med. Chem. **45**: 304-311.

[124] Ong S. et al. (1996) Immobilized-artificial membrane chromatography: measurements of membrane partition coefficient and predicting drug membrane permeability. J. Chromatogr.

A **728**: 113-128.

[125] Gao, F. et al. (2002) Otimização de métodos de maior rendimento para avaliar interações medicamentosas para CYP1A2, CYP2C9, CYP2C19, CYP2D6, rCYP2D6 e CYP3A4 in vitro utilizando um IC50 de ponto único. J. Biomol. Screen. **7**: 373-382.

[126] Leissner K. H. and Tisell, L. E. (1979) The weight of the human prostate. Scand J Urol Nephrol. **13**, 137-142.

[127] Cunha G. R., Cooke P. S., Kurita T. (2004) Role of stromal- epithelial interactions in hormonal responses. Arch Histol Cytol. **67**: 417-434.

[128] Heinlein C. A. and Chang C. (2002b) The roles of androgen receptors and androgen-binding proteins in nongenomic androgen actions. Mol Endocrinol. **16**: 2181-2187.

[129] Donjacour A. A. and Cunha, G. R. (1993) Assessment of prostatic Secreção de proteínas em recombinantes de mesênquima do seio urogenital e urotélio de ratinhos normais ou insensíveis aos androgénios. Endocrinology. **132 :** 2342- 2350.

[130] Mirosevich J., Bentel J. M., Zeps N., Redmond S. L., D'Antuono M. F., Dawkins H. J.(1999) Androgen recetor expression of proliferating basal and luminal cells in adult murine ventral prostate. J Endocrinol. **162**, 341-350.

[138] Niu, Y., Altuwaijri, S., Yeh, S., Lai, K. P., Yu, S., Chuang, K. H., et al. (2008). Visar o recetor estromal de androgénio em tumores primários da próstata em fases iniciais. Proc Natl Acad Sci U S A. **105** : 1218812193.

[132] Denmeade S.R., Isaacs J.T. (2002) A history of prostate cancer treatment. Nat. Rev. Cancer **2** : 389-396.

[133] Engel J.B., Schally A.V. 2007. Drug Insight: utilização clínica de agonistas e antagonistas da hormona libertadora da hormona luteinizante. Nat. Clin. Pract. Endocrinol. Metab. **3**, 157-167.

[134]Schally A.V. 2007. Análogos da hormona libertadora da hormona luteinizante e ablação hormonal para o cancro da próstata: estado da arte. BJU Int. **100** (Suppl. 2), 2-4.

[135] Akaza H., (2005) Effectiveness of Maximal Androgen Blockade (MAB): illusion or reality? Can. J. Urol. 12 (Suppl. 1), 77-80.

[136] Barmoshe S., Zlotta A.R. (2006) Pharmacotherapy for prostate cancer, with emphasis on hormonal treatments. Expert Opin. Pharmacother. 7: 1685-1699.

[137] Beardsley E.K., Chi K.N.(2008) Systemic therapy after first-line docetaxel in metastatic

castration-resistant prostate cancer. Curr. Opin. Support. Palliat. Care 2: 161-166.

[138] Pal S.K., Sartor O. (2011). Phase III data for abiraterone in an evolving landscape for castration-resistant prostate cancer. Maturitas 68: 103-105.

[139] Chen C.D., Welsbie D.S., Tran C., Baek S.H., Chen R., Vessella R., Rosenfeld M.G., Sawyers C.L. 2004. Molecular determinants of resistance to antiandrogen therapy (Determinantes moleculares da resistência à terapia antiandrogénica). Nat. Med. 10, 33-39.

[140] Holzbeierlein J., Lal P., LaTulippe E., Smith A., Satagopan J., Zhang L., Ryan C., Smith S., Scher H., Scardino P., et al., (2004) Gene expression analysis of human prostate carcinoma during hormonal therapy identifies androgen responsive genes and mechanisms of therapy resistance. Am. J. Pathol. **164** : 217-227.

[141] Visakorpi T., Hyytinen E., Koivisto P., Tanner M., Keinanen R., Palmberg C., Palotie A., Tammela T., Isola J., Kallioniemi O.P. (1995) In vivo amplification of the androgen recetor gene and progression of human prostate cancer. Nat. Genet. 9: 401-406.

[142] Steinkamp M.P., O'Mahony O.A., Brogley M., Rehman H., Lapensee E.W., Dhanasekaran S., Hofer M.D., Kuefer R., Chinnaiyan A., Rubin M.A., et al., (2009) Treatment-dependent androgen recetor mutations in prostate cancer exploit multiple mechanisms to evade therapy. Cancer Res. 69: 4434-4442.

[143] Jiang Y., Palma J.F., Agus D.B., Wang Y., Gross M.E. (2010) Detection of androgen recetor mutations in circulating tumor cells In castration-resistant prostate cancer. Clin. Chem. **56**: 1492-1495.

144] Brooke G.N., Bevan C.L. (2009) The role of androgen recetor mutations in prostate cancer progression [O papel das mutações do recetor de androgénio na progressão do cancro da próstata]. Curr. Genomics **10**: 18-25.

[145] Miyamoto, H., Rahman, M.M., Chang, C., 2004. Molecular basis for The antiandrogen withdrawal syndrome. J. Cell. Biochem**.** **91**: 3-12.

[146] Baek S.H., Ohgi K.A., Nelson C.A., Welsbie D., Chen C., Sawyers C.L., Rose D.W., Rosenfeld M.G. (2006) Ligand-specific allosteric regulation of coactivator functions of androgen recetor in prostate cancer cells. Proc. Natl. Acad. Sci. USA **103**: 3100-3105.

[147] Nishiyama T., Ishizaki F., Anraku T., Shimura H., Takahashi K.(2005) The influence of androgen deprivation therapy on metabolism in patients with prostate cancer. J. Clin. Endocrinol. Metab. **90**: 657660.

[148] Montgomery R.B., Mostaghel E.A., Vessella R., Hess D.L., Kalhorn T.F., Higano C.S., True L.D., Nelson P.S. (2008) Maintenance of intratumoral androgens in metastatic prostate cancer: a mechanism for castration-resistant tumor growth. Cancer Res. **68**: 4447-4454.

[149] Mohler J.L., Titus M.A., Bai S., Kennerley B.J., Lih F.B., Tomer K.B., Wilson E.M. (2011) Ativação do recetor de androgénio por bioconversão intratumoral de androstanediol em dihidrotestosterona no cancro da próstata. Cancer Res. 71: 1486-1496.

[150] Sarker D., Reid A.H., Yap T.A., de Bono J.S. (2009) Targeting the PI3K/AKT pathway for the treatment of prostate cancer. Clin. Cancer Res. 15: 4799-4805.

[151] Lu N. Z., Wardell S. E., Burnstein K. L., DeFranco D., Fuller P. J., Giguere V., et al. (2006). União Internacional de Farmacologia. LXV. A farmacologia e a classificação da superfamília dos receptores nucleares: receptores de glucocorticóides, mineralocorticóides, progesterona e androgénios. Pharmacol Rev 58: 782- 797.

[152] Hughes I. A., Davies J. D., Bunch T. I., Pasterski V., Mastroyannopoulou K., & MacDougall J. (2012) Androgen insensitivity syndrome. Lancet. **380**: 1419-1428.

[153]Gelmann E. P. (2002). Molecular biology of the androgen recetor. J Clin Oncol. **20**: 3001-3015.

[154] Giovannucci E., Stampfer M. J., Krithivas K., Brown M., Dahl D., Brufsky A., et al. (1997). The CAG repeat within the androgen recetor gene and its relationship to prostate cancer. Proc Natl Acad Sci U S A. **94**: 3320-3323.

[155] Gottlieb B., Beitel L. K., Wu J. H., & Trifiro M. (2004). A base de dados de mutações genéticas do recetor de androgénio (ARDB). Hum Mutat. **23:**527-533.

[156] Gottlieb B., Beitel L. K., Nadarajah A., Paliouras M., & Trifiro M. (2012). O banco de dados de mutações do gene do recetor de andrógeno: atualização de 2012. Hum Mutat **33**: 887-894.

[157] Beilin J., Ball E. M., Favaloro J. M., Zajac J. D. (2000) Effect of the androgen recetor CAG repeat polymorphism on transcriptional activity: Specificity in prostate and non-prostate cell lines. J Mol Endocrinol. **25**: 85-89.

[158] Roy A. K., Lavrovsky Y., Song C. S., Chen S., Jung M. H., Velu N. K., et al. (1999) Regulation of androgen action. Vitam Horm. **55**: 309-352.

[159] Kim Y. S., Alarcon S. V., Lee S., Lee M. J., Giaccone G., Neckers L., et al. (2009). Atualização dos inibidores da Hsp90 em ensaios clínicos. Curr Top Med Chem. **9**: 1479-1492.

[160] Lindzey J., Kumar M. V., Grossmann M., Young C., Tindall D. J. (1994) Molecular mechanisms of androgen action. Vitam Horm **49**: 383-432.

[162] Ai J., Wang Y., Dar J. A., Liu J., Liu L., Nelson J. B., et al. (2009) HDAC6 regula a hipersensibilidade do recetor de androgénio e a localização nuclear através da modulação da acetilação de Hsp90 no cancro da próstata resistente à castração. Mol Endocrinol. **23**. 1963-1972.

[163] Heemers H. V., & Tindall D. J. (2007) Androgen recetor (AR) coregulators: A Diversity of functions converging on and regulating the AR transcriptional complex. Endocr Rev. **28**: 778-808.

[164] Wolf I. M., Heitzer M. D., Grubisha M., DeFranco D. B. (2008) Coactivators and nuclear recetor transactivation. J Cell Biol. **104**: 1580-1586.

[165] Migliaccio A., Varricchio L., De Falco A., Castoria G., Arra C., Yamaguchi H., et al. (2007). Inibição da ligação de Src ao recetor de androgénio mediada pelo domínio SH3 e o seu efeito no crescimento tumoral. Oncogene. **26**: 6619-6629.

[166] Sen A., O'Malley K., Wang Z., Raj G. V., DeFranco D. B., Hammes S. R. (2010) Paxillin regulates androgen- and epidermal growth fator-induced MAPK Signaling and cell proliferation in prostate cancer cells. J Biol Chem. **285**: 28787- 28795.

[167]Culig Z., Hobisch A., Cronauer M. V., Radmayr C., Trapman J., Hittmair A., et al.(1994) Androgen recetor activation in prostatic tumor cell lines by insulin-like growth fator-I, keratinocyte growth fator, and epidermal growth fator. Cancer Res. **54**: 5474-5478.

[168] Wang Q., Li, W., Liu X. S., Carroll J. S., Janne O. A., Keeton E. K., et al. (2007) A hierarchical network of transcription factors governs androgen recetor- Dependent prostate cancer growth. Mol Cell. **27**: 380-392.

[169] Wang Q., Li W., Zhang Y., Yuan X., Xu K., Yu J., et al. (2009a). O recetor de androgénio regula um programa de transcrição distinto no cancro da próstata independente de androgénio. Cell. **138**, 245-256.

[170] Wang Q., Carroll J. S., Brown M. (2005) Spatial and temporal recruitment of Androgen recetor and its coactivators involves chromosomal looping and Polymerase tracking. Mol Cell. **19**: 631642.

[171] Sufrin G., Coffey D.S., (1976) Invest. Urol. **13**: 429-434.

[172] Eagleson C.A., Gingrich M.B., Pastor C.L., Arora T.K., Burt C.M., Evans W.S., Marshall J.C., (2000) J. Clin. Endocrinol. Metab. **85** : 4047-4052.

[173] Morris J.J., Hughes L.R., Glen A.T., Taylor P.J., (1991) J. Med. Chem. **34** :447- 455.

[174] Furr B.J., (1996) Eur. Urol. 29 (Suppl. (2)) 83-95.

[175] Furr B.J., Tucker H., (1996) Urology 47 13-25, discussão 29-32.

[176] Harris M.G., Coleman S.G., Faulds D., Chrisp P., (1993) Drugs Aging **3**: 9-25. [177] Frisch M.J., Trucks G.W., Schlegel H.B., Scuseria G.E., Robb M.A., Cheeseman J.R., Scalmani G., Barone

V., Mennucci B., Petersson G.A., Nakatsuji H., Caricato M., Li X., Hratchian H.P., Izmaylov A.F., Bloino J., Zheng G., Sonnenberg J.L., Hada M., Ehara M., Toyota K., Fukuda. R.,

Hasegawa J., Ishida M., Nakajima T., Honda Y., Kitao O., Nakai H., Vreven T., Montgomery Jr. J.A., Peralta J.E., Ogliaro F., Bearpark M., Heyd J.J., Brothers E., Kudin K.N., Staroverov V.N., Kobayashi R., Normand, J., Raghavachari, K., Rendell, A., Burant, J.C., Iyengar, S.S., Tomasi, J., Cossi, M., Rega, N., Millam, J.M., Klene, M., Knox, J.E., Cross, J.B., Bakken, V., Adamo, C., Jaramillo, J., Gomperts, R., Stratmann, R.E., Yazyev, O., Austin, A.J., Cammi, R., Pomelli, C., Ochterski, J.W., Martin, R.L., Morokuma, K., Zakrzewski, V.G., Voth, G.A., Salvador, P., Dannenberg, J.J., Dapprich, S., Daniels, A.D., Farkas, O., Foresman, J.B., Ortiz, J.V., Cioslowski, J. e Fox, D.J., Gaussian 09, Revision A. 1, Gaussian, Inc, Wallingford, CT, 2009.

[178] Dennington II R., Keith T. e Millam J., GaussView, Versão 4.1.2, Semichem Inc., Shawnee Mission, KS. Shawnee Mission, KS. 2007.

[179] Lipinski C.A., Lombardo F., Dominy B.W. e Feeney P.J. (1997) Experimental and computational approaches to estimate solubility and permeability in drug discovery and development settings. Adv Drug Deliv Rev. **23**: 3-25.

[180] Molinspiration cheminformatics [homepage on the internet], Nova ulica, SK-900 26 Slovensky Grob, Slovak Republic; [cited 2013 May 13], Available from: http://www.molinspiration.com. [Citado em 3 de março de 2013].

[181] A Molsoft oferece ferramentas e serviços de software para a descoberta de pistas, modelação, quiminformática, bioinformática, [last cited 2013 May 14] http://molsoft.com/mprop/

[182] Chen, G., Zheng, S., Luo, X., Shen, J., Zhu, W., Liu, H., Gui, C., Zhang, J., Zheng, M., Puah, C.M., Chen, K. e Jiang, H. (2005)
Conceção de bibliotecas combinatórias focadas com base na diversidade estrutural, na toxicidade e na afinidade de ligação. Journal of Combinatorial Chemistry. **7**:398-406.

[183] Http://hex. loria.fr/hex.php.

[184] Berman H.M., Westbrook J., Feng Z., Gilliland G., Bhat T.N., Weissig H., Shindyalov I.N. e Bourne P.E. (2000) The Protein Data Bank. Nucleic Acids Res. **28**: 235-242.

[185] Laskowski R.A., MacArthur M.W., Moss, D.S. e Thornton, J.M. (1993) PROCHECK: um programa para verificar a qualidade estereoquímica das estruturas proteicas. J Appl Cryst. **26**: 283- 291.

[186] Ritchie, W.D. and Kemp G.J.L. (2000) Protein Docking Using Spherical Polar Fourier Correlations. Proteins:Structure Function. Genetics. **39**:178-194.

[187] Ritchie W.D. (2003) Evaluation of Protein Docking Predictions using Hex 3.1 in CAPRI rounds 1 and 2. Proteins: Structure, Function.
Bioinformática, **52**, 98-106.

[188] Delano, W.L. The PyMOL Molecular Graphics System, DeLano Scientific, San Carlos, CA, USA 2002.

[189] Laskowski R.A. and Swindells M.B. (2011) LigPlot+: multiple ligand-protein interaction diagrams for drug discovery. J Chem Inf Model, **51**, 2778-2786.

[190] Zhao Y.H., Abraham, M.H. Le J., Hersey A., Luscombe C.N., Beck G. and Sherborne B. (2002) Rate-limited steps of human oral absorption and QSAR studies. Pharm Res. **19**: 1446-1457.

[191] Cheng F., Li W., Zhou Y., Shen J., Wu Z., Liu G., Lee P. e Tang Y. (2012) admetSAR: uma ferramenta gratuita e de fonte abrangente para a avaliação das propriedades químicas ADMET. Chem Inf Model. **52**: 3099-3105.

[192] Awad M.K., Khairau K.S. and Diab M.A. (1994) Theoretical investigations of the stability of degradation products of polystyrene e poli(4-vinilpiridina). Polym. Degrad. Stab. **46**:165-170.

[193] Ghanty T.K. and Ghosh S.K. (1996) A density functional approach to hardness, polarizability, andvalency of molecules in chemical reactions. J Phys Chem. **100**: 12295- 12298.

[194] Parr R.G., Szentpaly L.V. e Liu S.J. (1999) Electrophilicity Index, Am Chem Soc.**121**: 1922 - 1924.

[195] Lipinski C.A., Lombardo F., Dominy B.W. and Feeney P. (2012) Experimental and computational approaches to estimate solubility and permeability in drug discovery and development settings. J Adv Drug Delivery Rev. **64**: 4 -17.

[196] Veber, D.F., Johnson, S.R., Cheng, H.Y., Smith, B.R., Ward, K.W. e Kapple, K.D. (2002) Molecular Properties That Influence the Oral Bioavailability of Drug Candidates. J Med Chem. **45**: 26152623.

[197] Pervez A., Meshram J., Tiwari V., Sheik J., Dongre R. e Youssoufi M.H. et al. (2010) Modelação de farmacóforos em termos de previsão de propriedades físico-químicas teóricas e verificação por correlações experimentais de novos derivados de cumarina produzidos através do protocolo de Betti. Eur J Med Chem. **45**: 4370- 4378.

[198] Clark, D.E. (1999) Cálculo rápido da área de superfície molecular polar e sua aplicação à previsão de fenómenos de transporte. 2. Previsão da penetração na barreira hemato-encefálica. J Pharm Sci. **88**: 815821.

[199] Lalitha P. e Sivakamasundari S. (2010) Cálculo da lipofilicidade molecular e da toxicidade de alguns heterociclos. Jornal Oriental de Química. **26**:135- 141.

[200] Verma A. (2012) Descoberta de chumbo de Phyllanthus debelis com potencial hepatoprotector. Jornal do Pacífico Asiático de Biomedicina Tropical. **2**: S1735- S1737.

[201] Lagunin A., Stepanchikova A., Filimonov D. e Poroikov V. (2000) PASS: previsão de espectros de atividade para substâncias biologicamente activas. Bioinformática, **16**, 747-748.

Printed by Books on Demand GmbH, Norderstedt / Germany